餅乾酥脆  蛋糕柔軟

32道成功率100%的
超好吃氣炸鍋點心

氣炸鍋
烘焙

掌握氣炸溫度與翻面時機，烘焙新手也能做出
司康、磅蛋糕、巧克力餅乾
等人氣點心！

에어프라이어
홈베이킹

金子恩／著
陳品芳／譯

用簡單的氣炸鍋，
烘焙出無數美味驚喜

一直到去年，我都還是個平凡的上班族。

自有興趣接觸烘焙，後來不知不覺深陷烘焙魅力，那時我經常透過 YouTube 介紹美味的烘焙食譜，沒想到最後，我竟成食譜策畫師，而這些在我生活中發明的食譜，未來某一天竟出版成冊，對我來說，當時在腦中的點子要印出變成實際的書，實在有些壓力。

當時，關注我許久的出版社建議，或許可以出版一本氣炸鍋烘焙食譜。原本我覺得實力不夠想拒絕，卻剛好搭上這波氣炸鍋風潮，加上本身使用氣炸鍋已經一段時間，早開始關注這個領域，研究使用氣炸鍋烘焙的人喜歡怎樣的食譜。

許多人生活忙碌，不是每個人都跟我一樣每天有空烘焙，若只為了幾次烘焙，就購買昂貴的烤箱，對一般人而言似乎不太經濟實惠。如果能用家中的氣炸鍋簡單做，情況就不一樣。

這裡我將介紹一些個人認為簡單輕鬆，又超好吃的氣炸鍋烘焙食譜。當你實際使用氣炸鍋開始烘焙，你會發現氣炸

鍋只是容量稍微小一點，烤出來的東西真的不輸烤箱，也許你以為只能烤個餅乾之類的，但結果將超乎你預期，能做出種類多變的點心呢！

我覺得氣炸鍋真的可以說是革命性的產品，台幣價格3000多元的普通氣炸鍋，就能做出了不起的美味甜點。

這本書收錄了32種可以用氣炸鍋做出來的點心。

放進氣炸鍋烘烤之前的程序，跟一般烘焙都一樣，就算使用烤箱的你，也可以參考這份食譜喔！

本書的食譜非常適合剛接觸烘焙的新手，你能輕鬆完成書中所有的簡單點心。希望這本書可以在各位的書架上放久一點，也希望各位可以經常拿起來翻閱。

感謝我的家人，如果沒有一直支持我的家人和先生，我應該無法鼓起勇氣跨出這一步，感謝出版社與朴美貞組長。

金子恩　敬上

目錄 CONTENTS

作者序 … 2

認識氣炸鍋烘焙 … 6

如何選擇氣炸鍋 … 7

適合用氣炸鍋製作的點心有哪些？ … 8

氣炸鍋與烤箱烘焙有何不同？ … 9

你應該要知道的氣炸鍋烘焙訣竅 …10

氣炸鍋烘焙食材怎麼選 … 12

氣炸鍋烘焙工具怎麼挑 … 22

Part 1.
午後甜點時光
餅乾

三種布列塔尼酥餅 … 30

- 香草布列塔尼 … 31

- 伯爵布列塔尼 … 36

- 咖啡核桃布列塔尼 … 40

三種維也納酥餅 … 44

- 香草維也納酥餅 … 45

- 抹茶維也納酥餅 … 48

- 巧克力維也納酥餅 … 51

三種小雪球餅乾 … 54

- 黃豆粉小雪球餅乾 … 55

- 草莓小雪球餅乾 … 58

- 優格小雪球餅乾 … 61

M&M巧克力餅乾 … 65

花生醬餅乾 … 71

帕瑪森杏仁義式脆餅 … 75

巧克力榛果義式脆餅 … 79

全麥葡萄乾義式脆餅 … 83

櫻花草莓蛋白霜脆餅 … 87

Part 2.

飽足好時光
司康、馬芬、磅蛋糕

原味司康 … 93

全麥核桃司康 … 97

玉米起司司康 … 101

抹茶黃豆粉奶酥司康 … 107

巧克力三重奏司康 … 113

雙重巧克力馬芬 … 119

鮮奶油馬芬 … 123

紅蘿蔔奶油起司馬芬 … 127

香蕉可可奶酥磅蛋糕 … 131

伯爵磅蛋糕 … 135

艾草磅蛋糕 … 141

Part 3.

家庭派對好時光
甜點

【Lotus】蓮花脆餅布朗尼

起司蛋糕 … 147

檸檬條 … 153

核桃派 … 157

法式鹹派 … 163

日式煉乳瑪德蓮 … 169

帕芙洛娃 … 173

認識
氣炸鍋烘焙

　　氣炸鍋是一種不使用油烹調，單純透過熱空氣循環，就能讓食物產生油炸般酥脆口感的料理工具。氣炸鍋上部安裝有小風扇以及發熱線，主要原理是旋轉風扇將外面的空氣抽進來，空氣經過發熱線時被加熱，風扇帶動的熱風就可以讓機器內的空氣快速循環，藉著熱能對流來料理食物。

　　熱風可以使水分蒸發，食物外皮變得酥脆，並去除油脂，讓食物內層變得濕潤。空氣是在狹小的密閉空間中快速循環，氣炸鍋的優點，便是料理速度比烤箱快很多，電力的消耗也比較少，預熱時間只要 5 ～ 10 分鐘，料理時間也比烤箱節省很多。

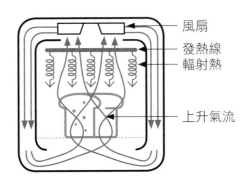

風扇
發熱線
輻射熱
上升氣流

如何
選擇氣炸鍋

　　使用氣炸鍋烘焙，必須平鋪食材在烤盤上，如果氣炸鍋容量太小，一次就無法烤太多，也會花更多時間烤。因此，我建議選擇容量較大的產品。本書介紹的食譜，使用的是 4.5 公升山本氣炸鍋（內鍋底部直徑 21 公分，約新台幣 800 ～ 1000 元不等），以及 7 公升的 Queen Made 氣炸鍋（約新台幣 2500 ～ 3000 元不等）。

　　烘烤的時間和溫度沒有太大的差別。容量較大的產品熱度比較強，若設定一樣的時間，烤出來的成品顏色會比較深。提醒您，本書標示的溫度和時間以 Queen Made 氣炸鍋為主，其容量跟烘焙使用的迷你烤箱容量差不多，讀者可視自家氣炸鍋品牌及容量調整。

適合用氣炸鍋
製作的點心有哪些？

● 非常適合使用氣炸鍋的點心

烤到外皮酥脆的司康、義式脆餅、蛋白霜脆餅、布列塔尼酥餅，做出來的美味程度不輸烤箱。

● 適合使用氣炸鍋，但沒有烤箱好吃的點心

馬芬、磅蛋糕、海綿蛋糕等用氣炸鍋烤出來的外皮，比烤箱烤出的更硬，顏色也比較深。使用氣炸鍋烤的馬卡龍，內層的口感也比用烤箱烤的硬很多。

● 不太適合使用氣炸鍋的點心

例如，需隔水加熱的布丁、陶罐派、舒芙蕾起司蛋糕，得把熱水跟模具放進氣炸鍋才能烤，很危險，所以不適合；烘焙蛋糕卷、瑪德蓮、長崎蛋糕的使用模具比氣炸鍋內鍋大很多，也不太適合以氣炸鍋烤，除非製作模具換成能置入鍋內的小模具，才可以使用氣炸鍋烘焙。

氣炸鍋與烤箱烘焙
有何不同？

　　氣炸鍋烤出來的點心，是運用氣炸鍋的熱對流原理快速將點心表皮風乾，所以比烤箱烤出來的點心更硬、更酥脆，加上鍋內上方的發熱線供應熱能，距離發熱線較近的上層表皮，顏色比用烤箱烤來的偏深，至於鍋底距離發熱線稍遠，熱度比較低，烤出的顏色偏淡。某些餅乾和麵包，便需要設定比烤箱更低的溫度來烤才會美味。

你應該要知道的
氣炸鍋烘焙訣竅

TIP 1 必要的時候要在中途翻面

　　越接近氣炸鍋底部熱度越低，在烤的過程中需注意翻面。由於內鍋很深，要把加熱中的點心拿出來翻面會有難度，一不小心可能會燙傷，所以翻面時，最好把內鍋整個拿出來，在通風的環境下翻面。一般來說，氣炸鍋預熱的時間比烤箱短，所以不必像烤箱那樣快速把蓋子打開再關上。

TIP 2 乳沫類的麵團，一次烤多少就做多少

　　用蛋白或是全蛋打成的乳沫類麵團，最好控制在一次烤完的分量。本書介紹的烘焙分量，容量均需 4 公升以上的氣炸鍋，約分一到兩次烤完的分量。尤其日式煉乳瑪德蓮、蛋白霜脆餅、帕芙洛娃等，如果不一次烤完，等待的過程中麵團內的空氣就會跑掉，要多加注意。

TIP 3 確認烤出來的顏色

　　如果要烤 30 分鐘以上，上層的顏色可能會變太深，建議最好烘烤時間剩 10 ～ 20 分鐘時，把蓋子打開來確

認一下。如果不希望顏色太深，就在上面鋪一張烘焙紙再繼續烤。

TIP 4 以比實際烘烤高10～20℃的溫度，預熱5～10分鐘

氣炸鍋跟烤箱一樣，要充分預熱才能烤出美味的食物。配合機器的大小跟功能 預熱 5 ～ 10 分鐘不等 跟烤箱一樣，氣炸鍋每打開一次，內部的溫度就會迅速下降，所以建議用比實際烘烤的溫度高 20 ～ 30℃，預熱 5 ～ 10 分鐘。

TIP 5 用小磁鐵固定烘焙紙，避免飛走

氣炸鍋內部的熱風很強勁，烤點心的時候鋪在底部的烘焙紙很容易飛起來。建議可以用小磁鐵固定烘焙紙，這樣烘焙的時候更安全。

TIP 6 給用烤箱的人

氣炸鍋其實也是一種小烤箱，本書介紹的點心食譜，也可以使用家用烤箱來烤，書內也另外標示用烤箱時，應該怎麼調整溫度和時間。依據每款烤箱性能不同，熱度可能會有點落差，建議適當地調整溫度和時間。

氣炸鍋
食材怎麼選

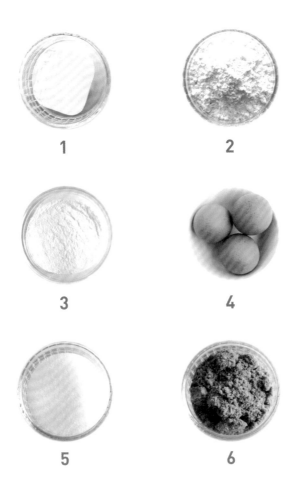

1

2

3

4

5

6

❶ 無鹽奶油

　　烘焙時基本上使用不加鹽的無鹽奶油。如果在麵團裡放入加了乳酸菌的發酵無鹽奶油，烤出來的點心會有特殊的風味，不同品牌的無鹽奶油風味跟質感都會有點不一樣，可以多試幾種無鹽奶油，找出適合自己喜好的無鹽奶油來做點心。本書使用的是鐵塔牌（Elle & Vire）的發酵無鹽奶油。

❷ 麵粉

　　韓國的麵粉會依照蛋白質含量分成低筋、中筋和高筋三種。蛋白質含量最低的低筋麵粉含有的麩質較少，口感較輕且鬆軟。蛋白質含量高的高筋麵粉則含有大量麩質，口感比較重且有嚼勁。在烘焙的時候，主要都是使用蛋白質含量最少的低筋麵粉，但可以看自己想要的口感改用中筋麵粉，或是拿低筋麵粉跟高筋麵粉混合使用。

❸ 玉米澱粉（玉米粉）

　　烘焙時，經常會用到玉米澱粉。跟麵粉不同，玉米澱粉完全不含蛋白質，用於揉製麵團時，可以做出比麵粉更輕、更鬆軟的口感。

❹ 雞蛋

　　烘焙不可或缺的主要食材，可以讓麵粉含水量更高，遇熱也會凝固，可以幫助定型，更能夠留住空氣，營養豐富。本書使用的是包括蛋殼在內約 60 克左右的特級雞蛋。

❺ 白砂糖

　　隨精製方法與顆粒大小的不同，糖可分為白砂糖、黃砂糖和糖粉等不同種類。使用不同的糖會大大地影響口感和味道，精製的白砂糖是烘焙中最基本的食材。砂糖除了可以製造甜味之外，也可以讓烤出來的餅乾或是蛋糕變濕潤、鬆軟和酥鬆，同時也可以讓餅乾或是蛋糕的麵團更蓬鬆，烤出來的顏色看起來更美味。

❻ 黑糖

　　不將甘蔗萃取過程中產生的結晶與糖蜜分開，而直接拿來使用，即非精製糖——黑糖。黑糖含有糖蜜，顏色比白砂糖更深，具獨特香甜風味。黑糖比白糖更黏稠一些，也因為沒有經過精製，所以營養含量較豐富。等量的黑糖，甜度感覺起來會比等量的白砂糖稍微低一點。

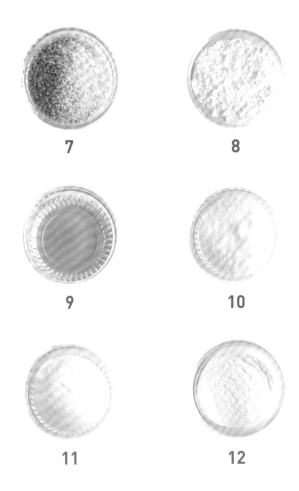

7

8

9

10

11

12

❼ 天然粗糖

　　這是一種非精製糖，糖蜜的含量比黑糖少，顏色與風味較弱，這種糖主要是用來加在咖啡中飲用。顆粒比較粗，遇熱不太會融化，通常是用來讓司康的表面咀嚼起來更有口感。

❽ 糖粉

　　這是把砂糖磨碎製成的產品，通常會添加 3% ～ 15% 的澱粉，避免結塊。因為顆粒比砂糖更細，所以加了糖粉的點心口感，會比加砂糖的時候更細緻，也更容易在嘴裡化開。本書食譜均使用添加 5% 澱粉的糖粉。

❾ 蜂蜜

　　保水力強，可以讓麵團非常濕潤。烘焙的時候，通常是使用香味比較不那麼強的雜花蜜。

❿ 鹽巴

　　為了要讓鹽巴更易融於麵團，一般烘焙使用的都是顆粒細且未經化學處理的鹽。在加了砂糖的麵團裡加點鹽，可以更襯托甜味，也可以讓點心更可口。

⓫ 小蘇打粉

　　成分為碳酸氫鈉，是可以讓麵團膨脹的化學膨脹劑。本身偏鹼性，所以遇到酸性成分，或是遇水、遇熱的時候，就會釋放出氣體（二氧化碳）。小蘇打粉可以讓點心烘烤出來的顏色更深，用太多的話可能會有點苦。

⓬ 發粉

　　這是以鹼性小蘇打粉，跟酸性劑、澱粉等混在一起，彌補小蘇打粉缺點，讓它的性質更穩定的改良產品。使用廉價的發粉來烘焙時，有時候會覺得口感有點澀，建議盡量使用不含鋁的產品。

13

14

15

16

17

18

⑬ 杏仁粉

將去殼的杏仁磨碎後製成的產品，用來代替一部份的低筋麵粉，可以讓點心更香更濕潤。

⑭ 無鹽奶油起司

用牛奶和鮮奶油為原料製成，是未經發酵的生起司。無鹽奶油起司帶著隱約的柔和酸味，後味有點香，是常見的烘焙食材。本書使用的是吉利（Kiri）的無鹽奶油起司。

⑮ 牛奶

可以提供水分，又具有高營養價值，蛋白質與乳糖成分也可以讓烤出來的點心看起來更美味；依照乳脂肪含量多寡，可分為無脂、低脂和高脂牛奶，本書使用的是一般牛奶。

⑯ 鮮奶油

這是將乳脂肪從牛奶中分離出來製成的產品，隨著乳脂肪含量的不同，鮮奶油也分成許多不同的種類。本書使用的是乳脂肪含量38％的鮮奶油，味道和口感都比用植物性乳脂製成的鮮奶油更好。

⑰ 優格

這是在牛奶中加入乳酸菌發酵而成的產品，可以讓麵團更濕潤，增添獨特的風味。本書使用的是沒有加糖的原味優格。

⑱ 酸奶油

將鮮奶油發酵之後，做成類似優格的產品，即酸奶油，味道偏酸，乳脂肪含量較高。加入酸奶油，讓麵團更濕潤，可以增添獨特風味。

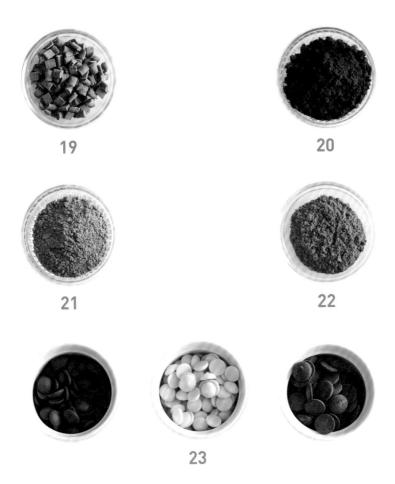

19

20

21

22

23

⑲ 巧克力片

放到烤箱裡加熱也不會融化，可以維持固定形狀的加工巧克力。本書使用的是嘉麗寶（Callebaut）的巧克力碎片。

⑳ 可可粉

將炒過的可可豆磨碎製成膏狀後再壓縮，然後將可可脂分離出來，剩餘的成分乾燥後粉碎製成的產品。烘焙用的可可粉，是利用物理與化學的方式轉換天然可可粉，再經過鹼化處理後製成，也被稱為「鹼化可可粉」，本書使用的是法芙娜（Valrhona）的產品。

㉑ 抹茶粉

抹茶粉是趁綠茶葉還是嫩芽的時候，就遮蔽陽光使其在陰影下成長，然後再把葉子摘取下來磨成細粉製成。抹茶粉大多都是深綠色，烘焙的時候比較不會變色。如果使用添加了小球藻的抹茶粉產品，烘焙時可以烤出更漂亮的綠色。本書使用的是 NARIZUKA 的產品。含量多寡，可分為無脂、低脂和高脂牛奶，本書使用的是一般牛奶。

㉒ 艾草粉

將艾草磨碎製成的產品。艾草粉篩過之後，可以把像纖維一樣比較有嚼勁的部分濾出來，這部分會讓口感和味道變差，盡量不要加到麵團中。

㉓ 調溫黑巧克力

一種可可脂含量超過 30% 的高級巧克力，完全沒有添加椰子油、棕櫚油等植物性油脂，或其他的精製加工油脂，只有純可可脂，放入嘴裡會很快地融化，依照成分可分成黑巧克力、牛奶巧克力和白巧克力三種，本書使用 Cacao Barry 的 Ocoa Purity（可可含量 70%）、Excellance Purity（可可含量 55%）兩種產品。

24

25   26

27

28

㉔ 利口酒

在蒸餾酒中，添加水果或是香料的酒。加入適量的利口酒，可以讓烤出來的點心具有更高雅的風味。本書使用的是金色蘭姆酒（Gold Rum）和馬里布蘭姆酒（Malibu）。

㉕ 油

烘焙時基本上都是使用沒有香味的葡萄籽油或是芥花籽油，根據需求會改用橄欖油等有特殊香味的油，以帶出特別的風味。

㉖ 香草精

可以代替昂貴的香草豆，以減少一些在食材上的花費。主要是搭配酒精、糖漿等，讓最後的成品會有香草味道的產品。如果是要很重的香草味，通常不會用香草精，大多都是加一點點以去除腥味和異味。

㉗ 香草莢

將裝滿黑點般香草籽的香草莢（vanilla pod）曬乾之後發酵製成，有豐富的花香和甜甜的味道，可以去除雞蛋的腥味。通常只會把豆莢上刮下來的香草籽加進麵團裡，剩下的豆莢會加在砂糖裡面磨碎做成香草糖。

㉘ 檸檬汁、檸檬果皮

直接以檸檬榨成果汁，味道較新鮮，不像市售檸檬汁又苦又澀。檸檬果皮則是把黃色檸檬皮刨成薄片，因為檸檬果皮內側的白色部分會苦，在刨的時候要注意。進口的檸檬表面可能會上蠟，且可能有農藥殘留，請務必仔細清洗乾淨再使用。

氣炸鍋烘焙工具
怎麼挑

1

2

3

4

5

6

❶ 電子秤

烘焙時正確的計量非常重要，所以一定會用到秤。因為只要小小的差異，就可能影響最後的結果，所以建議使用誤差比較小的電子秤，而不是刻度秤。

❷ 打蛋器

把材料拌勻或是打出泡沫時，需使用打蛋器。居家烘焙的打蛋器長度約在25～30公分最為恰當。建議選擇鋼絲粗且堅固的打蛋器，比較好施力。

❸ 矽膠抹刀

在拌麵團的時候使用，要把沾附在容器邊緣的食材刮乾淨時，矽膠刮刀會比木頭刮刀好用。握柄跟刀頭一體成形的刮刀 比較不容易有髒東西卡在裡面，相對比較衛生。而且具耐熱性的刮刀也可以用來煮果醬、焦糖等，很方便。

❹ 篩網

所有的粉狀食材都要以篩網篩過再使用。先篩過一遍，不僅可以濾掉雜質，更可以避免結塊，並且讓空氣進入粒子之間，這樣比較能跟其他的材料拌在一起。要把牛奶裡面的茶葉濾出來的時候，也可以使用篩網。

❺ 調理盆

用來拌麵團、做鮮奶油或是蛋白霜的時候使用。有玻璃、不鏽鋼、碳纖維等材質，其中不鏽鋼的調理盆最常見。可以準備兩到三個直徑與深度都不一樣的調理盆，配合麵團的分量與用途來搭配使用。最適合居家烘焙的大小，是開口直徑20～26公分的調理盆。

❻ 電動攪拌機

能比一般打蛋器更快、更輕鬆地將空氣打入麵團或麵糊中。但因為動力很強，所以在打無鹽奶油、蛋白霜、鮮奶油的時候，要注意別打入太多空氣。

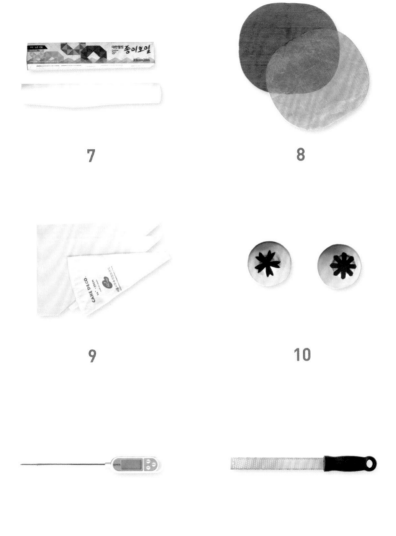

7

8

9

10

11

12

❼ 烘焙紙

這是使用氣炸鍋烘焙或是料理的時候，不可或缺的必備工具。鋪在內鍋底部，食材就不會沾黏在上面，鋪在鐵網上頭，也可以避免麵團因為鐵網的縫隙而變形。

❽ 烘焙料理專用紙

用途基本上跟烘焙紙一樣，可以耐熱到300℃，是可半永久使用的產品。建議可以配合內鍋鍋底的大小，事先裁切使用起來較方便。

❾ 擠花袋

可以把鮮奶油或是麵糊擠成圓形，或是把稀軟的麵糊擠入模具當中。有可重複使用的布擠花袋和塑膠的拋棄式擠花袋，在擠鮮奶油之類的食材時，拋棄式擠花袋會比較衛生，布擠花袋比較堅固，用來擠稍硬的麵糊會比較方便。

❿ 花嘴

要將擠花袋內的鮮奶油或麵糊定型時使用。可依個人喜好，選擇不同造型的烘焙模具。本書使用的是櫻花模具（510號，左）與八角星模具（853K號，右）。

⓫ 溫度計

讓麵團維持正確的溫度，做出來的麵包和點心就會更美味。本書主要是在測量融化的無鹽奶油或巧克力時，會使用到溫度計。

⓬ 刨絲刀

要把檸檬等柑橘類的皮刨成薄片時，或是把大塊起司刨成細絲加入麵團時使用，有時候也會用來磨巧克力。

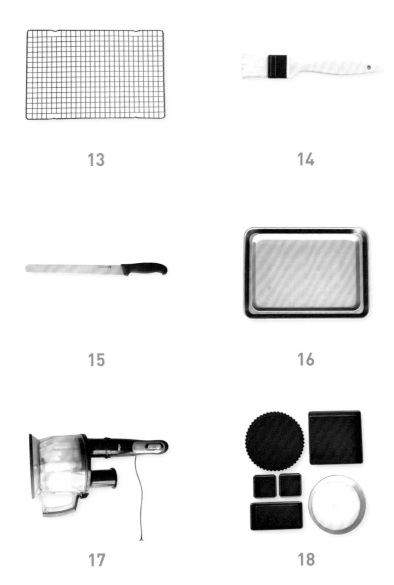

13

14

15

16

17

18

⑬ 冷卻架

將從烤箱拿出來的高溫烘焙餅乾放在冷卻架上，就可以避免底部因為水分而變得濕爛。

⑭ 刷子

在鐵製的模具裡刷上薄薄的無鹽奶油，或是將蛋汁刷在麵團表面。建議選擇柔軟的刷毛，這樣比較不容易掉毛。

⑮ 麵包刀

在切義式脆餅或是海綿蛋糕等容易碎掉的糕點時，使用刀刃呈鋸齒狀的刀子，可以切得比較漂亮。

⑯ 不鏽鋼托盤

把沾附食材的打蛋器、刮刀放在不鏽鋼托盤上，可以兼顧衛生與效率。選擇可以放入氣炸鍋內鍋的托盤，就可以一次烤很多體積比較小的餅乾，非常方便。即使是烘烤過程中需要翻面的餅乾，也可以整個托盤直接拿出來，翻完面再放回去，作業起來更快速。

⑰ 食物調理機

利用馬達的動力使刀刃旋轉，將材料粉碎。本書在烘焙司康時，會把麵粉跟無鹽奶油一起放進去攪拌，比起徒手混拌更快、更方便。此外在巧克力甘納許乳化時、將堅果磨碎做成堅果糊時，也都能派上用場。

⑱ 各種模具

像磅蛋糕、起司蛋糕等麵糊本身較稀的糕點，烘焙的時候就需要使用模具盛裝。本書使用的是磅蛋糕模具（大）、正方形模具（2號）、淺派盤模具（3號）、迷你方塊吐司麵包模具、圓形模具等。很多模具都無法放進氣炸鍋內鍋，要確認尺寸再購買。

Part 1.

午後甜點時光

餅乾

最適合用氣炸鍋製作的糕點首選，就是餅乾了，吃起來酥酥脆脆！餅乾的食材和工具，跟其他糕點相比，更容易取得，可謂新手烘焙最愛。烘焙時，如果一邊思考要把餅乾分給誰，一邊烘焙餅乾，應該是種愉悅享受吧！烤出來的餅乾雖然沒有很美觀，卻能讓你的日常生活變得更甜美喔！

酥餅 三種布列塔尼

布列塔尼（Sable）在法文中是「沙子」的意思，像沙子一樣輕巧易碎的布列塔尼酥餅，會把麵團做成長長的橢圓形，然後再切開來烤。因為麵團可以冷凍起來，需要的時候再拿出來使用，所以也被稱為「冷凍餅乾」。布列塔尼酥餅是最基本且用途最廣泛的餅乾之一。

（ 香草布列塔尼 ）

160℃／15分→翻面／10分　　　160℃／23分

食材　20個

材料
無鹽奶油…62g
砂糖…25g
蛋黃…6g
低筋麵粉…65g
高筋麵粉…18g
鹽巴…1 撮
香草莢…1/2 個
砂糖…適量

準備工作

- 所有食材先在室溫下退冰至常溫。
- 低筋麵粉和高筋麵粉一起秤好、篩過後備用。
- 香草莢直接切開，用刀背將莢內的籽刮出來。

1　用打蛋器把已軟化的無鹽奶油輕輕地攪散。

> 以電動攪拌機代替打蛋器，示範圖量比較少，所以使用打蛋器，若希望使用電動攪拌機，使用方法請參考本書第23頁。

2　在步驟 1 的材料中，加入砂糖、鹽巴、香草莢，輕輕攪拌到聽不見砂糖的顆粒聲音，讓所有的食材融在一起，變成柔軟的無鹽奶油狀。

3　將常溫的蛋黃倒入步驟 2 的調理盆中，用打蛋器攪拌均勻。

4 將低筋麵粉與高筋麵粉倒入步驟 3 的調理盆中,然後刮刀由前往後、以垂直方向輕輕將麵粉和無鹽奶油拌成一塊麵團。

(TIPS) 低筋麵粉與高筋麵粉的介紹請參考本書第13頁。

(POINT) 注意刮刀需以垂直方向輕輕攪拌,一般麵粉遇到水分會合成一種植物性蛋白質——「麩質」。如果不輕輕攪拌,而是任意施力,會使麩質含量過多,做出來的餅乾會很硬,蛋糕的麵糊則會變得像年糕一樣很有彈性。刮刀以垂直方向輕輕攪拌,就可以大量降低麩質的產生。

5 將麵團整成圓形,接著以保鮮膜或塑膠袋包覆,置入冰箱冷藏,靜置發酵 20 ~ 30 分鐘。

6 從冰箱取出麵糰放置在工作台上,先用手輕壓,以便我們輕鬆地將麵團撕成小塊。

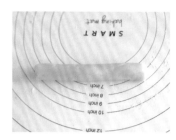

7　以雙手慢速將麵團揉成長條狀，建議事先將麵團分成兩到三塊來處理較容易。另可用不鏽鋼托盤平坦的底部來搓揉麵團，如此也能輕鬆揉出平滑的長條麵團。

(TIPS)　揉麵糰時，可以先撒些手粉（例如高筋麵粉）在工作檯上，以防沾黏、避免麵團黏在工作檯上。

(POINT)　使用高筋麵粉防沾黏，原因在於高筋麵粉顆粒較粗、較重，比低筋麵粉更容易散開，如此我們揉麵糰時，手粉比較不會吃進麵團裡。

8　接著將步驟 7 揉好的麵團放入冰箱冷凍 1 ～ 2 小時，以便我們可以輕鬆地用刀把麵團切開。

9　從冰箱拿出麵糰，用小刷子在冷凍麵團上刷上一層薄薄的蛋白或水，然後再均勻地裹上剩下的砂糖。

(TIPS)　找一個又大又淺的托盤，上面鋪滿足夠分量的砂糖，以便將麵團放在托盤上輕鬆滾動、裹上砂糖。

10 將大麵團切成數個 1.5 公分厚度的小麵糰，在不鏽鋼托盤上鋪烘焙紙，切好的小麵團平鋪於上。

(TIPS) 烘焙紙的四個角可用磁鐵固定，避免烘焙紙因熱風而飛起。

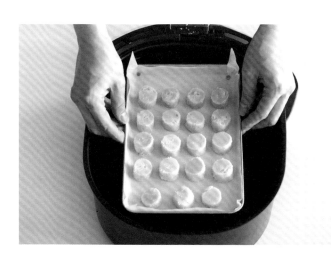

11 將步驟 10 切好的小麵糰依序放入預熱好的氣炸鍋，以 160℃烤 15 分鐘，拉開氣炸鍋，翻面再烤 10分鐘。

🔲 160℃／23分鐘

Note
- 麵團揉成長條狀後，可以存放冰箱冷凍約一個月。拿出冰箱後解凍到刀子能切得動的程度，就可以切下適當分量來烤，提醒您麵團要用保鮮膜或是夾鏈袋密封起來，避免在冰箱裡吸附其他食物的味道。
- 烤好的餅乾完全放涼後，放入密封容器中並放入防潮包，然後放在室溫下陰涼處保存，在室溫下約存放一個星期，如果想要再放久一點，那就需要冷凍了。

（ 伯爵布列塔尼 ）

 ································· **Air fryer** 　　　 ································· **Oven**

160℃／15分→翻面／10分　　　　160℃／23分

食材 20個

材料
無鹽奶油…62g
砂糖…25g
蛋黃…6g
低筋麵粉…65g
高筋麵粉…18g
鹽巴…1撮
伯爵茶葉…3g
砂糖…適量

準備工作

- 所有的食材放在室溫下退冰至常溫。
- 伯爵茶葉可以用食物調理機或是臼搗碎，伯爵茶葉的顆粒越細，香味就越強。
- 低筋麵粉、高筋麵粉和伯爵茶葉一起秤重、篩過後備用。

1 將放在室溫下軟化的無鹽奶油，用打蛋器輕輕打散。

2 在步驟1的調理盆中加入砂糖、鹽巴，用打蛋器攪拌到聽不見砂糖的沙沙顆粒聲，直至呈現奶油狀。

3 將常溫的蛋黃加入步驟2的調理盆中，用打蛋器拌勻。

4 把篩好的低筋麵粉、高筋麵粉與伯爵茶葉加入步驟3的調理盆中，刮刀由前往後，以垂直方向輕輕將食材拌成麵團。

5 將麵團用手整成圓形，以保鮮膜或塑膠袋包覆，放到冰箱冷藏約 20 ～ 30 分鐘。

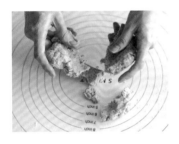

6 從冰箱中拿出變硬的麵團，放在工作檯上，用手撕開之後再稍微壓扁，讓麵團軟一點，方便我們搓揉成長條狀。

7 用雙手慢速搓揉麵團，邊輕壓、邊搓成長條狀，建議事先將麵團分成兩到三塊較好處理，另可用不鏽鋼托盤平坦的底部來搓揉麵團，如此可輕鬆將麵團搓成光滑的長條狀。

(TIPS) 用手把麵團搓揉時，最末端會一直碎掉，過程中要偶爾借用托盤底部，讓頭尾兩端保持平滑；搓揉時，要一邊在工作檯上撒防沾黏粉（高筋麵粉）。

8 將步驟 7 的麵團冷凍 1～2 小時，以便用刀切開。

9 將冷凍好的麵團拿出來，用小刷子在表面刷上薄薄的蛋白或水，再均勻裹上剩餘的砂糖。

TIPS 找一個又大又淺的托盤，上面鋪滿足夠分量的砂糖，以便將麵團放在托盤上輕鬆滾動、裹上砂糖。

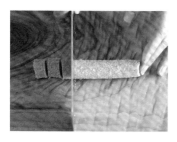
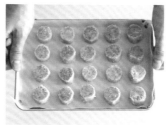

10 將大麵團切成數個 1.5 公分厚度的小麵糰，在不鏽鋼托盤上鋪烘焙紙，切好的小麵團平鋪於上。

TIPS 烘焙紙的四個角可用磁鐵固定，避免烘焙紙因熱風而飛起。

11 將烤盤放入預熱好的氣炸鍋中，以 160℃ 烤 15 分鐘，拉開氣炸鍋，翻面再烤 10 分鐘。

🔲 160℃／23分鐘

Note
- 麵團揉成長條狀後，可以存放冰箱冷凍約一個月。拿出冰箱後解凍到刀子能切得動的程度，就可以切下適當分量來烤，提醒您麵團要用保鮮膜或是夾鏈袋密封起來，避免在冰箱裡吸附其他食物的味道。
- 烤好的餅乾完全放涼後，放入密封容器中並放入防潮包，然後放在室溫下陰涼處保存，在室溫下約存放一個星期，如果想要再放久一點，那就需要冷凍了。

（ 咖啡核桃布列塔尼 ）

 .... **Air fryer**

160℃／15分→翻面／10分

 .... **Oven**

160℃／23分

食材　20個

材料
無鹽奶油…62g
砂糖…25g
蛋黃…6g
低筋麵粉…65g
高筋麵粉…18g
鹽巴…1撮
咖啡濃縮液…2 克
濃縮咖啡粉…1 克
碎核桃…30 克
砂糖…適量

準備工作

- 所有的食材放在室溫下退冰至常溫。
- 低筋麵粉、高筋麵粉、濃縮咖啡粉一起秤重、篩過後備用。
- 核桃先用氣炸鍋以 170℃ 烤 10 分鐘，放涼之後再切碎。
- 咖啡濃縮液可於烘焙食材商城購買。

1 將在室溫下軟化的無鹽奶油，用打蛋器輕輕打散。

2 在步驟 1 的調理盆中加入砂糖、鹽巴，用打蛋器攪拌到聽不見砂糖的沙沙顆粒聲，直至呈奶油狀。

3 將常溫的蛋黃和咖啡濃縮液加入步驟 2 的調理盆中，用打蛋器拌勻。

4 把篩好的低筋麵粉、高筋麵粉與濃縮咖啡粉加入步驟 3 的調理盆中，刮刀由前往後，以垂直方向輕輕地將食材拌成麵團。

> TIPS 濃縮咖啡粉是用咖啡豆磨成的咖啡粉，通常用來萃取濃縮咖啡，您可以使用膠囊咖啡裡的咖啡粉，如果手邊沒有，也可以再加一點咖啡濃縮液。

5 將步驟 4 拌至完全看不見粉末的顆粒之後，加入碎核桃，然後拌成一塊麵團。

6 麵團拌好後，以保鮮膜或塑膠袋包覆，放進冰箱冷藏發酵 20 ～ 30 分鐘，以利後面用手塑形。

7 從冰箱中拿出變硬的麵團，放在工作檯上，用手撕開之後再稍微壓扁，讓麵團軟一點，方便我們搓揉成長條狀。

8 用雙手慢速搓揉麵團，邊輕壓、邊搓成長條狀，建議事先將麵團分成兩到三塊較好處理，另可用不鏽鋼托盤平坦的底部來搓揉麵團，如此可輕鬆將麵團搓成光滑的長條狀。

> TIPS 工作檯上要撒一些防沾黏粉（高筋麵粉），避免麵團沾黏在上面。

9 將步驟8的麵團冷凍1～2小時，以便用刀切開。

10 將步驟 9 冷凍好的麵團拿出來，用小刷子在表面刷上薄薄的蛋白或水，再均勻裹上剩餘的砂糖。

TIPS 在淺托盤裡鋪滿砂糖，將麵團放進去滾動，麵團表面很快就會裹滿砂糖。

11 將大麵團切成數個 1.5 公分厚度的小麵糰，在不鏽鋼托盤上鋪烘焙紙，切好的小麵團平鋪於上。

TIPS 烘焙紙的四個角落可以用磁鐵固定，以避免紙飛起來。

12 將烤盤放入預熱好的氣炸鍋中，以 160℃ 烤 15 分鐘，拉開氣炸鍋，翻面再烤 10 分鐘。

🔲 160℃／23分鐘

Note
- 麵團揉成長條狀後，可以存放冰箱冷凍約一個月。拿出冰箱後解凍到刀子能切得動的程度，就可以切下適當分量來烤，提醒您麵團要用保鮮膜或是夾鏈袋密封起來，避免在冰箱裡吸附其他食物的味道。
- 烤好的餅乾完全放涼後，放入密封容器中並放入防潮包，然後放在室溫下陰涼處保存，在室溫下約存放一個星期，如果想要再放久一點，就需要改用冷凍。

酥餅
三種維也納

維也納酥餅（Viennois）是一種用擠花袋擠出形狀之後再拿去烤的餅乾，最早是在奧地利維亞納發明，因此以「維也納」命名，也有人稱它為「威納餅（Wieners）」。由於麵團裡面只會加入蛋白，所以吃起來會比使用全蛋的餅乾更脆。

香草維也納酥餅

Air fryer
150℃／15分→翻面／10分

Oven
150℃／25分

食材　10個

材料
無鹽奶油…70g
糖粉…33g
蛋白…12g
低筋麵粉…73g
玉米澱粉…10g
香草莢…1/2 個
鹽巴…1 撮

準備工作

- 將所有食材拿出來放在室溫下退冰。
- 低筋麵粉與玉米澱粉一起秤重、篩過備用。
- 香草莢直切開後，用刀背把裡面的香草籽刮出來。

1 將放在室溫下退冰的無鹽奶油，用打蛋器攪散。

2 在步驟 1 的調理盆中加入糖粉、鹽巴、香草籽，用打蛋器地打成軟軟的奶油狀。

3 將常溫的蛋白分兩次倒入步驟 2 的調理盆中，並以打蛋器均勻攪拌。

4 將篩好的低筋麵粉與玉米澱粉倒入步驟 3 的調理盆中，刮刀由前往後，以垂直方向輕輕地把所有食材攪拌均勻。

5 將步驟 4 的麵糊裝入擠
花袋中,使用八角星形
狀的花嘴,在烘焙紙上
將麵糊擠出自己想要的
形狀。

TIPS 八角星花嘴介紹可
參考第25頁。

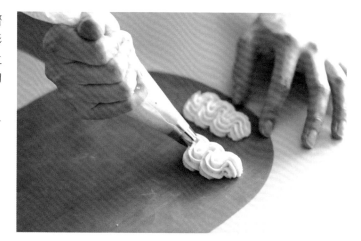

6 將烤盤放入預熱好的氣
炸鍋中,以 150℃烤 15
分鐘,拉開氣炸鍋,翻
面再烤 10 分鐘。

TIPS 正反兩面都要烤出
顏色才算熟透,
烤的時間會依麵糊
的大小而改變,建
議一邊確認麵糊的
狀態、一邊調整時
間。

🔲 160℃／25分鐘

Note • 如果一次放太多麵糊到擠花袋裡面,手可能會
需要出比較多力,較難擠出漂亮的形狀。建議
將麵糊分成三次處理,把擠花袋裡的麵糊都擠
完後,再裝新的麵糊,做出來的餅乾形狀會比
較漂亮。
• 烤好的餅乾完全放涼後,放入密封容器中並放
入防潮包,然後放在室溫下陰涼處保存,在室
溫下約存放一個星期,如果想要再放久一點就
需要改用冷凍。

（ 抹 茶 維 也 納 酥 餅 ）

🔲 ·· **Air fryer**   🔲 ·· **Oven**

150℃／15分→翻面／10分   160℃／25分

食材　10個

材料
無鹽奶油…70g
糖粉…33g
蛋白…12g
低筋麵粉…65g
玉米澱粉…10g
抹茶粉…6g
香草精…2g
鹽巴…1撮

準備工作

• 將所有食材拿出來放在室溫下退冰。
• 低筋麵粉、玉米澱粉與抹茶粉一起秤重、篩過備用。

1 　將放在常溫下軟化的奶油用打蛋器輕輕打散。

2 　在步驟 1 的調理盆中加入糖粉、鹽巴，輕輕地用打蛋器打成鬆軟的奶油狀。

3 　將常溫的蛋白和香草精，分兩次加入步驟 2 的調理盆中，再用打蛋器拌勻。

4 將已經篩好的低筋麵粉、玉米澱粉和抹茶粉加入步驟 3 的調理盆中，刮刀由前往後，以垂直方向輕輕攪拌。

5 將步驟 4 的麵糊裝入擠花袋中，使用八角星形狀的花嘴，在烘焙紙上將麵糊擠出自己想要的形狀。

(TIPS) 八角星花嘴介紹可參考第25頁。

6 將烤盤放進預熱好的氣炸鍋，以 150℃ 烤 15 分鐘，拉開氣炸鍋，翻面再烤 10 分鐘。

(TIPS) 正反兩面都要烤出顏色來，這樣才算有熟透。麵糊的大小會影響烤的時間，可視情況調整時間。

🔲 160℃／25分鐘

Note
- 如果一次放太多麵糊到擠花袋裡面，手可能會需要出比較多力，較難擠出漂亮的形狀。建議將麵糊分成三次處理，把擠花袋裡的麵糊都擠完後，再裝新的麵糊，做出來的餅乾形狀會比較漂亮。
- 烤好的餅乾完全放涼後，放入密封容器中並放入防潮包，然後放在室溫下陰涼處保存，在室溫下約存放一個星期，如果想要再放久一點，就需要改用冷凍。

巧克力維也納酥餅

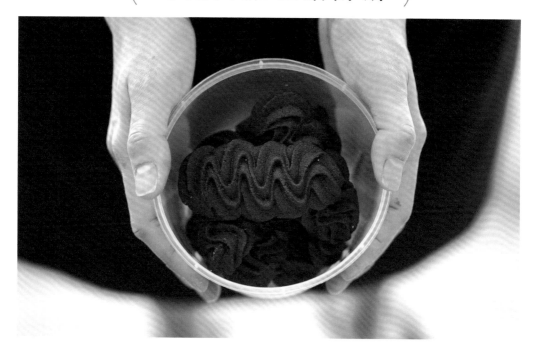

················· **Air fryer**

150℃／15分→翻面／10分

················· Oven

160℃／25分

食材　10個

材料

無鹽奶油…70g
糖粉…33g
蛋白…12g
低筋麵粉…63g
玉米澱粉…10g
可可粉…8g
香草精…2g
鹽巴…1撮

準備工作

• 將所有食材拿出來放在室溫下退冰。
• 低筋麵粉、玉米澱粉和可可粉一起秤重、篩過備用。

1 將放在常溫下軟化的無鹽奶油,以打蛋器打散。

2 在步驟 1 的調理盆中加入糖粉、鹽巴,輕輕地用打蛋器打成鬆軟的奶油狀。

3 將常溫的蛋白和香草精,分兩次加入步驟 2 的調理盆中,再用打蛋器拌勻。

4 將篩好的低筋麵粉、玉米澱粉和可可粉加入步驟 3 的調理盆中,刮刀由前往後,以垂直方向輕輕攪拌。

5 將步驟 4 的麵糊裝入擠花袋中，使用八角星形狀的花嘴，在烘焙紙上將麵糊擠出自己想要的形狀。

6 將烤盤放進預熱好的氣炸鍋，以 150℃ 烤 15 分鐘，拉開氣炸鍋，翻面再烤 10 分鐘。

TIPS 正反兩面都要烤出顏色，才算熟透；麵糊的大小會影響烤的時間，可視情況調整時間。

🔲 160℃／25分鐘

Note
- 如果一次放太多麵糊到擠花袋裡面，手可能會需要出比較多力，較難擠出漂亮的形狀。建議將麵糊分成三次處理，把擠花袋裡的麵糊都擠完後，再裝新的麵糊，做出來的餅乾形狀會比較漂亮。
- 烤好的餅乾完全放涼後，放入密封容器中並放入防潮包，然後放在室溫下陰涼處保存，在室溫下約存放一個星期，如果想要再放久一點，就需要改用冷凍。

餅乾
三種小雪球

這款外層裹上糖粉的圓球餅乾，看起來就像雪球一樣，所以被稱作「小雪球餅乾」，法文為 "Boule de neige"。這種餅乾製作麵團過程不放雞蛋，放進嘴裡很快就碎開，是這種餅乾最大的特色，外層只要裹上不同的粉，就可以調出不同風味，作法簡單，外型美觀又美味，很適合用來送禮。

（ 黃豆粉小雪球餅乾 ）

Air fryer .... 160℃／15分→翻面／10分

Oven .... 160℃／20分

食材　42個

材料

無鹽奶油…100g
糖粉…32g
低筋麵粉…140g
杏仁粉…40g
杏仁片…30g
鹽巴…2g
黃豆粉…40g
糖粉…60g

準備工作

- 把所有食材拿到常溫下退冰。
- 低筋麵粉和杏仁粉一起秤重、篩過後備用。
- 杏仁片用平底鍋乾炒，或是用氣炸鍋以170℃烤5分鐘，再用手輕輕捏碎。
- 最後調味階段用的黃豆粉和糖粉一起秤重、篩過一次後備用。

1 用電動攪拌機把放在室溫下軟化的奶油打散。

　　TIPS 也可以用打蛋器代替手持攪拌機，選擇慣用的就好。

2 在步驟 1 的調理盆中，加入鹽巴、糖粉，以電動攪拌機打勻。

　　TIPS 如果拌過頭，烤的時候麵團會整個擴散開來，建議打一分鐘左右就好。

3 將步驟 2 的材料打到完全看不見粉末，奶油的顏色稍微變得比較淺後，就加入篩過的杏仁粉和低筋麵粉。

4 刮刀由前往後，以垂直方向輕輕攪拌，拌到剩下一點點粉末的狀態就好。

5 在步驟 4 的調理盆中加入杏仁片，再以刮刀輕輕攪拌，直到變成一塊完整的麵團為止。

　　TIPS 杏仁片如果太大，後面要用手去捏就會比較辛苦，建議可以先把杏仁片弄碎。

6 把麵團撕成小顆的圓球，以電子秤重秤每一顆8克重。

7 將烤盤放入預熱好的氣炸鍋，以 160℃ 烤 15 分鐘，拉開氣炸鍋，翻面再烤 10 分鐘。

🔲 160℃／20分鐘

9 等餅乾完全冷卻，再裹一次黃豆粉和糖粉，同樣把多餘的粉抖掉。

8 將烤好的餅乾稍微放涼，等溫度降到可以用手摸的程度時，裹上黃豆粉和糖粉，然後把多餘的粉抖掉。

Note
- 餅乾完全冷卻後會比較難沾附粉，得趁溫度熱裹上黃豆粉和糖粉。
- 除了使用黃豆粉調味，也可以用抹茶粉、可可粉、黑芝麻粉、杏仁粉和糖粉拌在一起調味。
- 烤好的餅乾完全放涼後，放入密封容器中並放入防潮包，然後放在室溫下陰涼處保存，在室溫下約存放一個星期，如果想要再放久一點，就需要改用冷凍。

（ 草莓小雪球餅乾 ）

Air fryer
160℃／15分→翻面／10分

Oven
160℃／20分

食材 42個

材料
無鹽奶油…100g
糖粉…32g
低筋麵粉…140g
杏仁粉…40g
杏仁片…30g
鹽巴…2g
冷凍乾燥草莓粉…50g
糖粉…50g

準備工作

- 把所有食材拿到常溫下退冰。
- 低筋麵粉和杏仁粉一起秤重，篩過之後放著準備。
- 杏仁片用平底鍋乾炒，或是用氣炸鍋以170℃烤5分鐘，然後用手輕輕捏碎。
- 草莓粉跟最後調味用的糖粉一起秤重，篩過一次之後放在一邊準備著。

1　參考本書第 56 ～ 57 頁的步驟 1 ～ 7。

2 將烤好的餅乾稍微放涼，等溫度降到可以用手摸的程度時，裹上黃豆粉和糖粉，然後把多餘的粉抖掉。

3 等餅乾完全冷卻，再裹一次黃豆粉和糖粉，同樣把多餘的粉抖掉。

Note • 草莓粉是將草莓冷凍乾燥後，打成粉製成，也可以在網路上買到。

（優格小雪球餅乾）

 ⋯⋯⋯⋯⋯⋯⋯⋯⋯ **Air fryer**   ⋯⋯⋯⋯⋯⋯⋯⋯⋯ **Oven**

160℃／15分→翻面／10分   160℃／20分

食材　42個

材料
無鹽奶油⋯100g
糖粉⋯32g
低筋麵粉⋯140g
杏仁粉⋯40g
杏仁片⋯30g
鹽巴⋯2g
優格粉⋯60g
糖粉⋯40g

準備工作

- 把所有食材拿到常溫下退冰。
- 低筋麵粉和杏仁粉一起秤重、篩過後備用。
- 杏仁片用平底鍋乾炒，或用氣炸鍋以170℃烤5分鐘，然後用手輕輕捏碎。
- 優格粉和最後調味用的糖粉一起秤重、篩過一次後備用。

1 參考本書第 56 ~ 57 頁的步驟 1 ~ 7。

2 將烤好的餅乾稍微放涼，等溫度降到可以用手摸的程度時，裹上優格粉和糖粉，然後把多餘的粉抖掉。

3 餅乾完全冷卻之後，再裹一次優格粉和糖粉，同樣把多餘的粉抖掉。

Note • 這裡用的優格粉是製作飲料用的「途尚咖啡（Twosome Place）優格粉」。

餅乾
M&M 巧克力

這是小朋友超喜歡的巧克力餅乾。在麵團中加入融化的調溫巧克力,烤出來的餅乾會有濃郁的巧克力香,而且吃起來不會太乾。因為不會太甜,所以大人小孩應該都會喜歡,可以趁著剛烤出來還有點軟的時候插在竹籤上,做成餅乾串來吃。

160℃／12分　　　　　　　　　　Air fryer

180℃／8分　　　　　　　　　　　Oven

食材　7個

材料

無鹽奶油…50g	鹽巴…1g
黑糖…28g	雞蛋…40g
白糖…15g	中筋麵粉…78g
玉米糖漿…22g	可可粉…21g
調溫黑巧克力(可可55%)…30g	發粉…2g
	M&M巧克力…適量

準備工作

- 所有食材拿到室溫下退冰。
- 中筋麵粉、可可粉與發粉一起秤重、篩過備用。
- 黑糖是非精製的黃糖,有著特殊的風味,也可以用一般的黃糖代替。

1　將放在室溫下軟化的無鹽奶油，用手持攪拌機打散。

2　在步驟 1 的調理盆中加入黑糖、白糖，打拌 1 ～ 2 分
　　鐘直至吃進奶油。

3　將常溫的蛋分 5 ～ 6 次加入步驟 2 的調理盆中，一邊
　　加，一邊用電動攪拌機拌勻。

（TIPS）等前一次倒入的蛋汁完全跟麵團融合後，再繼續倒第
　　　　二次，如此麵團才不會裂開。

4　取一容器，放入調溫黑
　　巧克力，以微波爐加熱
　　20 ～ 30 秒融化。

（TIPS）如果用微波爐熱太
　　　　久，巧克力可能會
　　　　有點燒焦，建議把
　　　　加熱的時間調短，
　　　　以便隨時確認巧克
　　　　力的融解狀態。

TIPS 巧克力的溫度如果太高，可能會把奶油融化，毀掉整個麵團。建議等到裝承巧克力和玉米糖漿的容器降溫，直到用手摸完全不會覺得熱的狀態，再把巧克力倒入麵糰。

5 將玉米糖漿倒入融化的巧克力中拌勻。

6 將步驟 5 的巧克力，倒入步驟 3 的調理盆中，以電動攪拌機把巧克力和麵團拌勻。

7 將篩過的中筋麵粉、可可粉、發粉倒入步驟 6 的調理盆，用刮刀輕輕地拌勻。

8 以冰淇淋勺或手，將步驟 7 的麵團整成數個小圓球，放到烘焙紙上，用手壓扁（目測每顆直徑呈 6 公分左右）。

9 每一塊壓扁的小麵糰上，撒上4～5顆M&M巧克力。

10 將烤盤放入預熱好的氣炸鍋中，以160℃烤12分鐘。

(TIPS) 烤的時候麵團會膨脹，所以每個麵團之間要留下適當的間隔。

🔲 180℃／8分鐘

Note
- 餅乾烤完後偏軟，並非沒烤熟，建議先靜置不要動，等到完全冷卻後再收起來。
- 烤好的餅乾完全放涼後，放入密封容器中並放入防潮包，然後放在室溫下陰涼處保存，在室溫下約存放一個星期，如果想要再放久一點，就需要改用冷凍。

花生醬餅乾

喜歡大量花生醬的你，這一款會是吃起來覺得超香的餅乾。因為麵粉的用量比較少，做出來的餅乾是會在嘴裡融化的口感。鹹中帶香的滋味，讓人忍不住一口接一口。如果冰箱裡有閒置已久的花生醬，就好好運用一下吧！

Air fryer 160℃／15分

Oven 170℃／12分

食材　4個

材料

花生醬…50g
無鹽奶油…30g
白糖…35g
雞蛋…10g

中筋麵粉…32g
發粉…1g
鹽巴…1撮
花生碎粒…適量

準備工作

- 把所有材料拿到常溫下退冰。
- 中筋麵粉跟發粉一起秤重、篩過備用。

作法

1 將常溫下退冰的無鹽奶油和花生醬一起裝在調理盆裡,用電動攪拌機打散。

2 在步驟 1 的調理盆中加入砂糖、鹽巴,持續攪拌約 1 分鐘,充分融和在一起。

3 分兩次將蛋加入步驟 2 的調理盆中,以電動攪拌機把所有食材打在一起。

4 將已經篩過的中筋麵粉與發粉倒入步驟 3 的調理盆中,以刮刀輕輕地拌勻。

5 把步驟4的麵團,裝填入直徑5公分的冰淇淋勺模,倒扣至烘焙紙上,再用手輕壓,將麵團壓成約1.5公分厚、直徑8公分的圓扁狀,最後用花生碎粒做調味。

TIPS 裝填是「用麵團把模具填滿」的專業用語。

6 將烤盤放入預熱好的氣
炸鍋中，以 160℃烤 15
分鐘。

TIPS 烤的時候麵團會膨
脹，麵糰和麵糰之
間請留下足夠的間
隔。

170℃／12分鐘

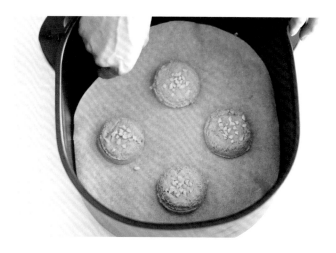

Note
- 餅乾烤完後偏軟，並非沒烤熟，建議先靜置
  不要動，等到完全冷卻後再收起來。
- 這裡使用的是Ligo Creamy花生醬。
- 烤好的餅乾完全放涼後，放入密封容器中並
  放入防潮包，然後放在室溫下陰涼處保存，
  在室溫下約存放一個星期，如果想要再放久
  一點，就需要改用冷凍。

義式脆餅
帕瑪森杏仁

義式脆餅的義大利語原意為「烤兩次」，是一種酥脆但爽口鹹香的點心。喜歡起司的人，可以試試看這款鹹中帶香的義式脆餅，很適合配啤酒喔！

 .... **Air fryer**

180℃／15分→翻面／15分
160℃／10分→翻面／10分

 .... **Oven**

170℃／25分
160℃／20分

食材　10〜12個

材料

低筋麵粉…100g	發粉…1g
砂糖…15g	整顆杏仁…40g
雞蛋…55g	胡椒粉…1g
葡萄籽油…20g	帕馬森起司…35g
鹽巴…1g	

準備工作

- 把所有食材拿到常溫下退冰。
- 低筋麵粉和發粉一起秤重、篩過備用。
- 杏仁先用氣炸鍋以 170℃ 炸 10 分鐘。

1 把蛋打到調理盆，加入砂糖、鹽巴與葡萄籽油，用打蛋器全部拌勻。

2 將帕馬森起司、胡椒粉加入步驟 1 的調理盆中，以電動攪拌機拌勻。

TIPS　比起直接買帕馬森起司粉來用，更建議買整塊帕馬森起司親自磨碎，烤起來會更好吃；胡椒粉則建議研磨胡椒粒來使用。

3 將篩好的低筋麵粉與發粉倒入步驟 2 的調理盆中，刮刀由前往後，以垂直方向輕輕將所有食材拌勻。

4 將杏仁加入步驟 3 的調理盆中，以刮刀輕輕攪拌至杏仁與麵團均勻混和。

5 將麵團整成長方形,放在烘焙紙上,壓成扁平狀。

6 將烤盤放入預熱好的氣炸鍋中,以180℃烤15分鐘,拉出氣炸鍋,翻面再烤15分鐘。

🔘 170℃／25分鐘

7 拉出氣炸鍋,取出烤盤將麵團放涼,使用麵包刀,將整塊麵團以每1公分寬度切開成數小塊。

8 切好之後,將麵團放入預熱好的氣炸鍋中,以160℃烤10分鐘,拉出氣炸鍋,翻面再烤10分鐘。

🔘 160℃／20分鐘

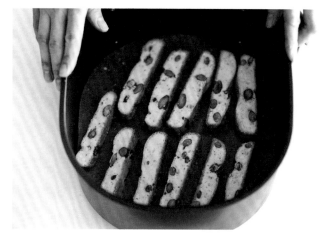

Note
- 手上沾點油,整麵團比較不黏手。
- 義式脆餅烤好後要放10～15分鐘,趁著微溫時切片比較不會碎掉。
- 義式脆餅含水量低,除非是潮濕的季節,否則一般都能保存在密封容器裡很久。烤好的餅乾完全放涼後,放入密封容器中並放入防潮包,然後放在室溫下陰涼處保存,在室溫下約存放10天,如果想要再放久一點,就需要改用冷凍。

義式脆餅巧克力榛果

最原始的義式脆餅製作並不添加油或奶油，吃起來比較香脆。但本書食譜使用無鹽奶油製作，義式脆餅口感變得更輕、更易咬碎，濃郁的巧克力香搭配香醇榛果，非常適合下午茶享用。

 ·· **Air fryer**

180℃／15分→翻面／15分
160℃／10分→翻面／10分

 ·· **Oven**

170℃／25分
160℃／20分

食材　10～12個

材料

低筋麵粉⋯100g
可可粉⋯12g
砂糖⋯80g
雞蛋⋯43g
無鹽奶油⋯50g

鹽巴⋯1g
發粉⋯2g
榛果⋯50g
巧克力片⋯50g

準備工作

● 把所有食材拿到常溫下退冰。
● 榛果先用氣炸鍋以 170℃ 炸 10 分鐘後放涼。
● 低筋麵粉、可可粉、發粉一起秤重、篩過備用。

1 用打蛋器把室溫下軟化的無鹽奶油打散。

2 在步驟 1 的奶油中加入砂糖、鹽巴，以打蛋器完全拌勻。

3 將蛋液分 2 ～ 3 次倒入步驟 2 的調理盆中，以打蛋器充分攪拌，直至蛋和無鹽奶油充分融合。

> TIPS 因為蛋比無鹽奶油多，所以可能難以完全融合，下個步驟就會加入麵粉，吸收掉多餘水分。

4 將篩好的低筋麵粉、可可粉與發粉倒入調理盆，刮刀由前往後，以垂直方向攪拌至完全看不見粉末顆粒為止。

5 在步驟 4 的調理盆中加入榛果與巧克力片，以刮刀輕輕攪拌至榛果與巧克力片完全與麵團融合為止。

6 將麵團整成長方形，放在烘焙紙上，用手壓成扁平狀。

7 將烤盤放入預熱好的氣炸鍋中，以 180℃ 烤 15 分鐘，拉出氣炸鍋，翻面再烤 15 分鐘。

🔲 170℃／25分鐘

8 拉出氣炸鍋，取出烤盤將麵團放涼後，使用麵包刀，將整塊麵團以每1公分寬度切開成數小塊。

9 把步驟 8 切好的數小塊麵團放入預熱好的氣炸鍋中，以 160℃ 烤 10 分鐘，拉出氣炸鍋，翻面再烤 10 分鐘。

🔲 160℃／20分鐘

Note
- 手上沾點油，整麵團比較不黏手。
- 義式脆餅烤好後要放10～15分鐘，趁著微溫時切片比較不會碎掉。
- 義式脆餅含水量低，除非是潮濕的季節，否則一般都能保存在密封容器裡很久。烤好的餅乾完全放涼後，放入密封容器中並放入防潮包，然後放在室溫下陰涼處保存，在室溫下約存放10天，如果想要再放久一點，就需要改用冷凍。

義式脆餅 全麥葡萄乾

這款義式脆餅不添加任何奶油，所使用食材均對身體健康有益，適合不愛奶油的人享用。仔細咀嚼，能品嚐到隱約的麥香與甜味，咀嚼中更加美味。

 Air fryer

180℃／15分→翻面／15分
160℃／10分→翻面／10分

Oven

170℃／25分
160℃／20分

食材　10～12個

材料

全麥麵粉…110g
黑糖…40g
蜂蜜…20g
雞蛋…40g
葡萄籽油…30g

鹽巴…1g
發粉…1g
葡萄乾…25g
燕麥…15g
胡桃…30g

準備工作

- 所有食材拿到常溫下退冰。
- 全麥麵粉與發粉一起秤重、篩過備用。
- 胡桃可以先用氣炸鍋以 170℃ 炸 10 分鐘後放涼備用。
- 黑糖是未精製的黃糖，有著獨特的風味，適合搭配全麥麵粉，或以一般的黃糖代替。

1 把蛋打到調理盆中，加入黑糖、蜂蜜、鹽巴與葡萄籽油，並用打蛋器全部拌勻。

2 將篩好的全麥麵粉與發粉倒入步驟 1 的調理盆中，刮刀由前往後，以垂直方向輕拌至剩下一點粉末為止。

3 在步驟 2 的調理盆中加入葡萄乾、燕麥與胡桃，刮刀由前往後，以垂直方向輕輕攪拌，直至所有食材完全融合。

4 將步驟3的麵團整成長方形,放在烘焙紙上,用手壓成扁平狀。

5 將烤盤放入預熱好的氣炸鍋中,以180℃烤15分鐘,拉出氣炸鍋,翻面再烤15分鐘。

🔲 170℃／25分鐘

6 拉出氣炸鍋,取出烤盤將麵團放涼,使用麵包刀,將整塊麵團以每公分寬度切開成數小塊。

7 把步驟6切好的數小塊麵團放入預熱好的氣炸鍋,以160℃烤10分鐘,拉出氣炸鍋,翻面再烤10分鐘。

🔲 160℃／20分鐘

Note
- 手上沾點油,整麵團比較不黏手。
- 義式脆餅烤好後要放10～15分鐘,趁著微溫時切片比較不會碎掉。
- 義式脆餅含水量低,除非是潮濕的季節,否則一般都能保存在密封容器裡很久。烤好的餅乾完全放涼後,放入密封容器中並放入防潮包,然後放在室溫下陰涼處保存,在室溫下約存放10天,如果想要再放久一點,就需要改用冷凍。

櫻花草莓蛋白霜脆餅

這款添加了天然草莓粉的蛋白霜脆餅，表面帶點淡粉紅色，咀嚼中隱約帶著草莓味。你也可以換成藍莓或樹莓等其他口味的莓果粉。

Air fryer	Oven
100℃／90分	100℃／90分

食材　40個

材料
蛋白…35g
砂糖…35g
檸檬汁…1g
冷凍乾燥草莓粉…8g

準備工作

- 將蛋白冷藏至冰涼。
- 使用擠花袋和櫻花花嘴（510 號）。
- 要把調理盆或攪拌器擦乾淨，注意上頭必須完全沒有任何水或是油。

作法

1 將砂糖分 3 次加入蛋白中，以電動攪拌器打發，直至拉起蛋白霜後呈鳥嘴的勾狀即可。

> (TIPS) 鳥嘴勾狀是指以電動攪拌機用垂直方向慢慢放入、拿起，蛋白不會拉太長，勾角短而尖。

2 在步驟1的調理盆中加入檸檬汁，以低速拌勻。

3 在步驟 2 的調理盆中加入草莓粉，刮刀由前往後，以垂直方向輕輕拌勻。

4 把步驟 3 的蛋白霜裝入擠花袋，裝上櫻花花嘴，將蛋白霜適量擠至烘焙紙上。

> (TIPS) 把麵糊裝入擠花袋中擠出形狀的步驟就叫做擠花。

5 將烤盤放入預熱好的氣炸鍋中，以 100℃ 烤 90 分鐘。

TIPS 將蛋白霜脆餅冷卻拿去切時，如果刀子不會沾附黏稠的蛋白霜，而是整個脆餅碎掉，就表示完全烤熟。

🔲 100℃／90分鐘

Note
- 蛋白霜脆餅須以低溫長時間烘烤，如此才能夠充分將水分烤乾。
- 以氣炸鍋烘烤蛋白霜脆餅這類比較輕巧的餅乾時，鋪在底部的烘焙紙可能會因為熱風而飛起來，請務必事先固定以小磁鐵。
- 草莓粉的使用量約5g～15g即可，可依照個人喜好調整。如果放太多，蛋白霜可能會碎掉，請多加留意。
- 除了炎熱潮濕的季節之外，蛋白霜脆餅算是可以保存較久的餅乾，等至完全冷卻散熱，再裝入密封容器中。放入防潮包，存放在常溫下陰涼處，約可保存兩星期左右；若冷凍之後再解凍，餅乾可能會變得有點濕軟，所以請不要冷凍。

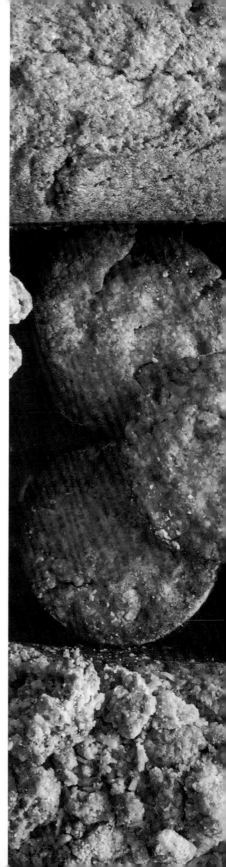

Part 2.

司康、馬芬
磅蛋糕

　　簡單使用常見的食材，就能做出美味的司康、馬芬和磅蛋糕，是相當受到居家烘焙人士歡迎的氣炸鍋點心。如果忽略製作過程中的幾個重點，也很容易失敗。這裡提供了初學者輕鬆就能完成的詳細食譜，請試著用氣炸鍋來挑戰看看吧！

原味司康

最能代表英國文化特色的烘焙糕點司康，通常會抹果醬或奶油，再搭配香醇英國紅茶來享用。這裡將傳統的司康食譜稍微改良，不塗果醬或奶油，烘烤出來也不會太乾，一樣能享用到美味的司康，再撒上糖粉，不僅增添咀嚼口感，也讓司康帶點糖香。

 ·············· **Air fryer**

180℃／15分→翻面／10分

············· **Oven**

180℃／20分

食材　6個

材料

低筋麵粉…200g　　鮮奶油…110g
無鹽奶油…100g　　香草精…2g
發粉…4g　　　　　粗糖…適量
砂糖…40g　　　　　蛋汁…適量
鹽巴…2g

準備工作

- 先將所有食材放至冰箱冷藏，烘焙之前再取出。
- 低筋麵粉、發粉、砂糖、鹽巴一起秤重、篩過備用。
- 粗糖是顆粒比較大的未精製砂糖，即使放進烤箱裡加熱也不會融化，可以增加咀嚼的口感，如果沒有粗糖則可以省略。
- 司康表面抹上的「蛋汁」，是以蛋白和蛋黃一起打成，塗抹蛋汁可以讓烤出來的司康顏色更好看。

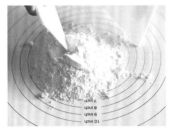

1 　將篩好的低筋麵粉、發粉、砂糖和鹽巴倒至工作檯，
　　以刮刀全部拌勻。

2 　把切成小立方體的冰涼無鹽奶油，倒至步驟 1 的麵粉
　　上，再用刮刀將無鹽奶油切至米粒般大小。

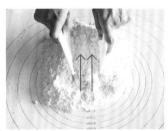

3 　將冰涼的鮮奶油與香草精，倒入步驟 2 的材料中，刮刀由前往後，以垂直方向輕輕
　　將食材混合。

　(TIPS)　此處若以食物處理機來攪拌麵團會更輕鬆，只要每次啟動三秒鐘，等到麵團成形，就可
　　　　　以把麵團拿出來，然後接著進行下面的步驟。

4 用手輕輕地揉麵團，直至完全看不見粉末狀顆粒，然後再把麵團整成圓形，再以保鮮膜或塑膠袋包覆。

5 用擀麵棍把麵團擀成約2公分厚的扁圓形，放進冰箱冷藏30分鐘～1小時，等待麵團變硬。

6 從冰箱中取出變硬的扁圓麵團，用刀子或是刮刀，均勻切割成六等分。

7 在步驟6的麵團上，抹上蛋汁，撒上粗糖。

(TIPS) 粗糖的介紹可參考本書第15頁。

8 將麵團放入預熱好的氣炸鍋中，以150℃烤15分鐘，拉出氣炸鍋，翻面再烤10分鐘。

(TIPS) 司康加熱之後會膨脹，所以麵團與麵糰之間務必留下適當的距離。

🔲 180℃／20分鐘

Note
• 烤好的司康稍微放涼，趁著微溫時享用最美味。
• 等司康完全冷卻之後，只要存放在通風的地方，隔天還可以吃。如果想再放久些，請以烘焙紙或保鮮膜，分別包覆後放至冰箱冷凍。待食用時稍微解凍，放進氣炸鍋，以180℃烤5分鐘，就會像剛烤出來一樣酥脆。

全麥核桃司康

以核桃與全麥製作的司康，吃起來十分清淡爽口，當早餐吃完全沒有問題，而且也很方便。如果把麵團裡的牛奶和鮮奶油再換成豆漿，吃起來就會更清爽。

Air fryer
180℃／15分→翻面／15分

Oven
180℃／20分

食材 6個

材料

低筋麵粉…113g
全麥麵粉…113g
發粉…8g
黑糖…45g
葡萄籽油…61g

牛奶…31g
鮮奶油…31g
碎核桃…55g
鹽巴…1g

準備工作

- 所有的食材都不需冷藏，放在室溫下即可。
- 低筋麵粉、全麥麵粉、發粉、黑糖、鹽巴一起秤重、篩過備用。
- 核桃先用氣炸鍋以 170℃ 烤 10 分鐘，放涼後切碎。
- 黑糖是未精製的黃糖，有精製砂糖缺少的獨特風味，也可以改用一般的黃糖代替。

作法

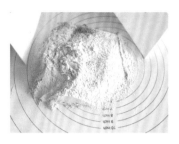

1 把篩好的低筋麵粉、全麥麵粉、黑糖、發粉和鹽巴一起倒至工作檯，用刮刀全部拌勻。

2 在步驟1的麵粉中間挖一個洞，倒入葡萄籽油，注意別讓油流出來。

3 刮刀由前往後，以垂直方向輕輕地把步驟 2 的麵粉和油拌勻，直至成為完全沒任何結塊的酥鬆顆粒。

4 在步驟 3 的麵粉中，倒入牛奶和鮮奶油，同樣用刮刀由前往後，以垂直方向輕輕將液體和麵粉拌勻，拌到形似一塊麵團時，再加入核桃一起拌勻。

TIPS 此處若以食物處理機來攪拌麵團會更輕鬆，只要每次啟動三秒鐘，等到麵團成形，就可以把麵團拿出來，然後接著進行下面的步驟。

5 將步驟 4 的麵粉均勻拌成麵團後,用刮刀切一半,把兩半對疊;再用手把麵團壓扁、再切一半並疊起來。總共重複三次同樣的步驟。

TIPS 這是為了做出司康的層次。

6 將步驟 5 的麵團用擀麵棍擀至厚度約略 2 公分。

TIPS 全麥核桃司康的麵團不需要發酵。

7 以圓形的司康模,將麵團切成六塊後,再用刷子在司康表面刷上牛奶或是鮮奶油。

TIPS 用模具切六塊後,若還想多做幾塊,還可以再將剩下的麵團揉在一起,然後再切一次。

8 將烤盤放入預熱好的氣炸鍋,以 180℃ 烤 15 分鐘,拉出氣炸鍋,翻面再烤 10 分鐘。

TIPS 司康加熱之後會膨脹,建議在麵團與麵團之間均留下足夠的空間。

🔲 180℃／20分鐘

Note
- 司康表面刷上牛奶或鮮奶油,烤出來的顏色會比刷蛋汁的時候更淡些。如果希望顏色深一點,可加點煉乳或砂糖。
- 烤好的司康稍微放涼,趁著微溫時吃最美味。
- 等司康完全冷卻之後,只要存放在通風的地方,隔天還可以吃。如果想再放久些,請以烘焙紙或保鮮膜,分別包覆後放至冰箱冷凍。待食用時稍微解凍,放進氣炸鍋,以180℃烤5分鐘,就會像剛烤出來一樣酥脆。

玉米起司司康

這是只要開始吃就絕對停不下來，具有魔性魅力的司康。加了大量的玉米和切達起司，香濃美味絕對沒人比得上！

　　　　　　　　　　　　Air fryer　　　　　　　　　　　　　　**Oven**

180℃／15分→翻面／10分　　　　180℃／20分

食材　6個

材料

低筋麵粉…160g	鹽巴…2g	【鏡面糖霜】
高筋麵粉…40g	鮮奶油…100g	蛋白…5g
無鹽奶油…50g	雞蛋…30g	糖粉…15g
發粉…5g	切達起司…70g	【餡料】
砂糖…40g	玉米罐頭…55g	切達起司…適量

準備工作

- 所有食材均事先放至冰箱冷藏，等到烘焙前再取出即可。
- 無鹽奶油切成邊長1公分的立方體。
- 低筋麵粉、高筋麵粉、發粉、砂糖、鹽巴一起秤重、篩過備用。
- 玉米罐頭的玉米倒出來，以廚房紙巾用力按壓，去除多餘的水分；如果玉米本身含有太多水，會讓麵團太黏。
- 先準備好鏡面糖霜需使用的蛋白，剩下的蛋黃仍可以用於司康麵團。

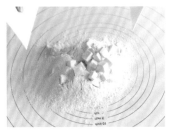

1 將篩好的低筋麵粉、高筋麵粉、發粉、砂糖、鹽巴倒至工作檯，用刮刀全部拌勻。

2 將切成小立方體的無鹽奶油倒至麵粉上，再用刮刀將無鹽奶油切至米粒般大小。

(TIPS) 利用食物處理機來處理會更輕鬆，建議食物處理機每次只要啟動三秒就停下來，這樣可以把無鹽奶油切得很小。

3 將冰涼的鮮奶油與雞蛋倒入步驟 2 的麵粉中，用刮刀由前往後，以垂直方向輕輕拌勻。

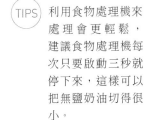

4 將步驟 3 的材料拌至完全看不見粉狀顆粒時，就可以加入切達起司和玉米粒，再輕輕地拌成麵團。

5 將步驟 4 的麵粉均勻拌成麵團後，用刮刀切一半，把兩半對疊；再用手把麵團壓扁、再切一半並疊起來。總共重複三次同樣的步驟。

> TIPS 這是為了做出司康的層次。

6 用擀麵棍將麵團擀成厚度 2 公分左右的扁正方形，再以保鮮膜包覆，放入冰箱冷藏 30 分鐘～ 1 小時，等待麵團變硬。

7 從冰箱取出麵團，用刀子切成六等分。

> TIPS 先用刀子把四個邊切掉，這樣烤出的司康，每一面都能看到層次，並且會是非常漂亮的四方形。

8 把蛋白和糖粉均勻切拌 **9** 把鏡面糖霜抹在步驟 7 的司康上,並把剩下的切達起
成鏡面糖霜。 司撒上去。

10 將司康放入預熱好的
氣炸鍋,以 180℃ 烤
15 分鐘,拉出氣炸
鍋 翻面再烤10分鐘。

TIPS 司康加熱的時候
會膨脹,建議麵
團與麵團之間
要留下適當的空
間。

🔲 180℃／20分鐘

Note
- 烤好的司康稍微放涼,趁著微溫時吃最美味。
- 等司康完全冷卻之後,只要存放在通風的地方,隔天還可以吃。如果想再
  放久些,請以烘焙紙或保鮮膜,分別包覆後放至冰箱冷凍。待食用時稍微
  解凍,放進氣炸鍋,以180℃烤5分鐘,就會像剛烤出來一樣酥脆。

奶酥司康
抹茶黃豆粉

奶酥（crumble）原意是「粉碎」，也就是把麵團弄得像絞肉的意思。這次我們在司康麵團上撒了黃豆粉香鬆才拿去烤，香噴噴的黃豆粉香鬆和抹茶司康完美結合在一起，再填入大量的優格，就能吃到外皮酥脆、內餡飽滿的司康囉！

 ·············· **Air fryer**

180℃／15分→翻面／10分

 ·············· **Oven**

180℃／20分

食材 6個

材料

低筋麵粉 … 110g	鹽巴 … 1g	**【黃豆粉香鬆】**
中筋麵粉 … 80g	優格 … 90g	無鹽奶油 … 20g
抹茶粉 … 8g	白巧克力片 … 50g	黃糖 … 20g
無鹽奶油 … 100g		高筋麵粉 … 10g
發粉 … 5g		炒過的黃豆粉 … 10g
砂糖 … 40g		杏仁粉 … 20g
		鹽巴 … 1撮

準備工作

- 所有食材先放至冰箱冷藏，直到要烘焙之前再取出。
- 無鹽奶油切成邊長1公分的小立方體。
- 低筋麵粉、中筋麵粉、發粉、抹茶粉、砂糖、鹽巴一起秤重、篩過備用。
- 黃豆粉香鬆完成之後需稍微靜置，一開始就要先做好備用。

A 製作黃豆粉香鬆

1 取一玻璃碗，加入軟化的無鹽奶油、黃糖、高筋麵粉、炒過的黃豆粉、杏仁粉與鹽巴。

2 用手指慢慢拌勻所有的食材，直至黃豆粉結塊。

3 將黃豆粉結塊放進冰箱冷藏、降溫。

TIPS 黃豆粉香鬆如果沒有定型，烤的時候會散開無法維持顆粒的形狀，要多注意。

B 製作司康

4 將低筋麵粉、中筋麵粉、抹茶粉、發粉、砂糖、鹽巴倒至工作檯，用刮刀全部拌勻。

5 將切成小立方體的無鹽奶油倒至麵粉上，再用刮刀將無鹽奶油切至米粒般大小。

 TIPS 步驟4和5可以用食物處理機來進行，以開三秒就停、開三秒就停的方式重複操作食物處理機，如此就能切碎無鹽奶油。

6 將步驟 5 的麵粉中間挖出一個洞，把冰涼的優格慢慢倒進去，再用刮刀由前往後，以垂直方向把麵粉和優格拌在一起。

7 將步驟 6 的材料拌到完全看不到粉末狀顆粒後，倒入白巧克力片，以刮刀輕輕地拌成麵團。

8 將步驟 7 的麵粉均勻拌成麵團後，用刮刀切一半，把兩半對疊；再用手把麵團壓扁、再切一半並疊起來。總共重複三次同樣的步驟。

TIPS 這是為了做出司康的層次。

9 用擀麵棍將麵團擀成厚度約兩公分的正方形，以保鮮膜將麵團包覆，接著放入冰箱冷藏30分鐘～1小時，等待麵團變硬。

10 從冰箱取出麵團，以刀子或刮刀切成六等分。

(TIPS) 司康加熱時會膨脹，建議麵團與麵糰之間要留下一定的空間。

11 將做好的黃豆粉香鬆平均鋪在司康上。

12 把鋪好的司康放入預熱好的氣炸鍋中，以180℃烤 15 分鐘，拉出氣炸鍋，翻面再烤10 分鐘。

🖼 180℃／20分鐘

Note
• 烤好的司康稍微放涼，趁著微溫時享用最美味。
• 等司康完全冷卻之後，只要存放在通風的地方，隔天還可以吃。如果想再放久些，請以烘焙紙或保鮮膜，分別包覆後放至冰箱冷凍。待食用時稍微解凍，放進氣炸鍋，以180℃烤5分鐘，就會像剛烤出來一樣酥脆。

司康
巧克力三重奏

一般的巧克力司康，都是在麵團裡加入可可粉，但如果改成液態的巧克力醬，會讓司康的風味吃起來更濃郁，再加入大量巧克力碎片，上面淋上美味的鏡面巧克力，巧克力的愛好者肯定為之瘋狂！

 ·············· **Air fryer**   ·············· **Oven**

180℃／15分→翻面／10分　　180℃／20分

食材　6個

材料

低筋麵粉 … 200g
無鹽奶油 … 70g
發粉 … 6g
黃砂糖 … 25g
鹽巴 … 1g
牛奶 … 45g
雞蛋 … 40g
調溫黑巧克力 … 50g
巧克力碎片 … 50g

【鏡面巧克力】
外層黑巧克力 … 40g
調溫黑巧克力 … 20g
葡萄籽油 … 10g
蛋汁 … 適量
調味用可可碎片 … 適量

準備工作

- 所有食材放至冰箱裡冷藏，直至烘焙前再取出。
- 無鹽奶油切成邊長 1 公分的小立方體。
- 低筋麵粉、發粉、黃砂糖、鹽巴一起秤重、篩過備用。
- 調溫黑巧克力加入麵團打拌前，需先加熱融化，讓巧克力溫度降至約 30℃ 左右。
- 抹在司康表面的蛋汁，需事先以蛋黃和蛋白混合均勻，烤出來的顏色比較漂亮。

A 製作司康

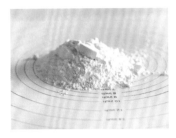

1 將篩好的低筋麵粉、發粉、黃砂糖、鹽巴倒至工作檯，用刮刀全部拌勻。

2 將切成小立方體的無鹽奶油倒至麵粉上，再用刮刀將無鹽奶油切至米粒般大小。

3 在步驟 2 的麵粉中間挖出一個洞，倒入冰涼的牛奶和蛋液，用刮刀由前往後，慢速以垂直方向輕輕拌勻。

4 加入準備好的調溫黑巧克力，同樣用刮刀由前往後，以垂直方向輕輕拌勻。

5 巧克力和麵粉全部拌勻後,再加入巧克力碎片輕輕地
攪拌,直至變成一整塊麵團。

TIPS 步驟1~5可以改用食物處理機進行,以開三秒就停、
開三秒就停的方式來操作食物處理機,直至麵粉結塊
變成麵團,就可以進行下面的步驟。

6 將麵團以保鮮膜包覆,放進冰箱冷藏至少 3 小時,等
待麵團變硬。

TIPS 加了巧克力的麵團在烤的時候會膨脹很多,為了避免
過度膨脹,維持漂亮的形狀,要讓麵團充分靜置。

7 從冰箱取出麵團,用手
撕成數小團,放至烘焙
紙上,並捏成自然的形
狀。

8 在步驟 7 捏好的小麵團
表皮輕輕抹上蛋汁。

9 將司康放入預熱好的氣
炸鍋中,以 180℃ 烤 15
分鐘,拉出氣炸鍋,翻
面再烤 10 分鐘。

🔲 180℃／20分鐘

TIPS 司康加熱之後容易膨
脹,建議麵團與麵糰之
間要留下足夠的距離。

B 製作鏡面巧克力

10 取一容器，倒入調溫黑巧克力和外層黑巧克力，隔水加熱，或直接用微波爐加熱融化。

11 在步驟10的巧克力中加入葡萄籽油，慢速拌勻之後靜置，直至溫度降到30℃左右。

C 裝飾

12 司康烤好稍微冷卻後，就可以抹上巧克力，再灑上可可碎片做調味。

TIPS 鏡面巧克力很甜，所以這裡已盡量減少加在麵團中的砂糖分量，如果想省略鏡面巧克力的可可碎片調味步驟，建議可以加一點砂糖。

Note
- 烤好的司康稍微放涼，趁著微溫時享用最美味。
- 等司康完全冷卻之後，只要存放在通風的地方，隔天還可以吃。如果想再放久些，請以烘焙紙或保鮮膜，分別包覆後放至冰箱冷凍。待食用時稍微解凍，放進氣炸鍋，以180℃烤5分鐘，就會像剛烤出來一樣酥脆。

雙重巧克力馬芬

居家烘焙的經典甜點，就是作法簡單又美味的馬芬，其中巧克力馬芬，是每位媽媽都值得一試的糕點，試著做點巧克力馬芬來給孩子當點心吧！

.... Air fryer
150℃／15分→
蓋上烘焙紙／15分

.... Oven
160℃／25分

食材　5個

材料

雞蛋…73g
砂糖…53g
蜂蜜…16g
鹽巴…1g
葡萄籽油…60g
鮮奶油…93g

低筋麵粉…71g
可可粉…33g
杏仁粉…30g
發粉…3g
巧克力碎片…3g

準備工作

- 所有的食材事先放至常溫下退冰。
- 低筋麵粉、發粉、可可粉、杏仁粉一起秤重、過篩備用。
- 這裡使用的馬芬模可以從網路上直接購買。

1　取一容器，加入蛋，以打蛋器均勻攪拌，接著加入砂糖、鹽巴和蜂蜜拌勻。

2　在步驟1的材料中加入葡萄籽油，再以打蛋器拌勻。

3　將退冰至常溫的鮮奶油倒入步驟2的調理盆中，用打蛋器輕輕拌勻。

4　將過篩的低筋麵粉、可可粉、杏仁粉與發粉倒入步驟3的調理盆中，用打蛋器慢速攪拌。

(TIPS) 此處請攪拌至粉末顆粒完全消失，若麵糊拌過頭，可能會產生過多麩質，吃起來不易咬開。

5 將巧克力碎片倒入步驟4的調理盆中，用刮刀輕輕拌勻成麵糊。

6 將步驟5的麵糊倒入馬芬模，直至馬芬模八分滿，上面再放上剩下的巧克力碎片。

TIPS 馬芬烘烤加熱時會膨脹，所以麵糊不能倒滿整個馬芬模，八成的容量，是讓麵糊不會流出來的最佳比例。

7 將馬芬放入預熱好的氣炸鍋中，以150℃烤30分鐘。

TIPS 為避免馬芬表面烘烤的顏色太深，先烤15分鐘，拉出氣炸鍋，蓋烘焙紙後，再烤15分鐘。

🖳 160℃／25分鐘

Note ● 等到馬芬完全冷卻後再密封，存放在室溫下陰涼處，約可存放4～5天，如果想放久一點，也可以放入冰箱冷凍保存。

鮮奶油馬芬

這是轉眼間就能完成的基本款鮮奶油馬芬，軟硬適中又不會太乾，光吃一個就會感到很滿足，若以真正的香草莢取代香草油或香草精調味，可以烘焙出令人更愉悅舒適的香草香味。

 ·········· **Air fryer**

150℃／15分→
蓋上烘焙紙／15分

·········· **Oven**

160℃／25分

食材　4個

材料

雞蛋…71g
砂糖…77g
蜂蜜…13g
低筋麵粉…110g
發粉…3g

鮮奶油…104g
香草精…3g
鹽巴…1撮

準備工作

- 所有材料事先放至常溫下退冰。
- 先在拋棄式的馬芬模具中鋪一張紙馬芬杯準備好。

  TIPS　直徑5.5公分的拋棄式馬芬模具，可以上網搜尋「鋁箔馬芬杯」，紙馬芬杯可以搜尋「芬蘭馬芬杯」。

- 將低筋麵粉、砂糖、發粉、鹽巴先過篩備用。

1 取一調理盆,加入所有液體食材（雞蛋、鮮奶油、蜂蜜、香草精），攪拌均勻。

2 將篩過的低筋麵粉、砂糖、發粉和鹽巴,倒入步驟 1 的調理盆中,慢慢地攪拌。

TIPS 請將麵糊攪拌至完全看不到粉末為止,注意不要攪拌過頭,以免產生太多麩質,烤出來的馬芬太硬。

3 步驟 2 的麵糊慢慢倒入馬芬模,盛裝至約八分滿。

4 將裝好麵糊的馬芬杯放入預熱好的氣炸鍋中,用 150℃ 烤 30 分鐘。

TIPS 為避免馬芬表面烘烤的顏色太深,先烤15分鐘,拉出氣炸鍋,蓋烘焙紙後,再烤15分鐘。

🔲160℃／25分鐘

Note ● 等到馬芬完全冷卻後再密封,存放在室溫下陰涼處,約可存放4～5天,如果想放久一點,也可以放入冰箱冷凍保存。

起司馬芬
紅蘿蔔奶油

這款紅蘿蔔馬芬做起來超迅速簡單，只要把食材拌在一起就好，再以葡萄籽油取代奶油，素食主義者就可以輕鬆享用。

 ·················· **Air fryer**

150℃／15分→
蓋上烘焙紙／15分

 ·················· **Oven**

160℃／30分

食材　4個

材料

雞蛋…54g	杏仁粉…20g	核桃…27g
黑糖…54g	肉桂粉…2g	奶油起司…80g
鹽巴…1g	發粉…2g	糖粉…12g
葡萄籽油…58g	碎紅蘿蔔…124g	
低筋麵粉…73g	柳橙汁…22g	

準備工作

- 所有食材事先放至常溫下退冰。
- 低筋麵粉、杏仁粉、肉桂粉、發粉一起秤重、過篩備用。
- 核桃先用氣炸鍋以 170℃ 烤 10 分鐘，放涼之後切碎。
- 黑糖是未精製的黃糖，擁有精製糖所沒有的特殊風味，也可以用一般的黃糖代替。
- 準備擠花袋。
- 在馬芬模具內側，以刷子輕輕刷上一層薄薄的油，撒上高筋麵粉後把多餘的麵粉倒掉。
- 此處使用的馬芬模具可上網搜尋「淺的鋼布丁杯」，材質為鋼製布丁杯，開口直徑 7.5 公分、底部直徑 6.5 公分、高度 3.8 公分。

1 　取一調理盆，加入蛋，用打蛋器把蛋輕輕打散，加入
　　黑糖和鹽巴後拌勻。

2 　在步驟 1 的材料中倒入葡萄籽油，以打蛋器拌勻。

3 　在調理盆中加入篩過的低筋麵粉、杏仁粉、肉桂粉、
　　發粉，用打蛋器攪拌至完全沒有顆粒。

4 　倒入柳橙汁，用打蛋器
　　拌勻。

TIPS 　請將麵糊攪拌至完全看不到粉末為止，注意不要攪拌
　　　過頭，以免產生太多麩質，烤出來的馬芬太硬。

5 將切碎的紅蘿蔔與核桃倒入步驟 4 的調理盆中，用刮刀拌勻，馬芬麵糊就完成了。

6 取另一個調理盆，將已經退冰為常溫的奶油起司倒入，用刮刀拌開，加入糖粉拌勻成奶油起司餡料。

7 將馬芬麵糊慢慢倒入馬芬模，盛裝至三分之二，再用擠花袋把步驟 6 的奶油起司餡料擠到馬芬上面，盡量讓擠出來的奶油起司呈現圓球狀。

8 將馬芬杯放入預熱好的氣炸鍋中，以 150℃ 烤 30 分鐘。

TIPS 為避免馬芬表面烘烤的顏色太深，先烤15分鐘，拉出氣炸鍋，蓋烘焙紙後，再烤15分鐘。

🔲 160℃／30分鐘

Note • 因為馬芬加入奶油起司餡料，建議未食用完須冷藏。一般馬芬冷卻後，存放到密封容器裡，可以冷藏3～4天，如果想要放久一點，則建議冷凍。

磅蛋糕 香蕉可可奶酥

用長方形蛋糕模具烤出來的磅蛋糕，之所以取名叫做磅蛋糕，是因為分別使用了一磅（453克）的麵粉、雞蛋、砂糖與無鹽奶油製作而成。這裡我們再加入椰子、香蕉等夢幻食材，做出這款美味的磅蛋糕。麵糊上面酥脆的椰酥，更增添蛋糕的美味。

 ·············· **Air fryer**   ·············· **Oven**

160℃／30分→
蓋上烘焙紙／15分

160℃／50分

食材　1個

材料

無鹽奶油…100g	杏仁粉…35g	黑糖…15g
黑糖…70g	發粉…3g	杏仁粉…10g
鹽巴…1g	馬里布蘭姆酒…10g	低筋麵粉…15g
雞蛋…50g		椰子粉…5g
香蕉…110g	【椰酥】	椰絲…15g
低筋麵粉…85g	無鹽奶油…15g	

準備工作

- 事先在蛋糕模具內鋪上烘焙紙，或輕輕抹上一層奶油，撒上高筋麵粉，再把多餘的麵粉倒掉。
- 所有食材事先拿至常溫下退冰。
- 將麵糊使用的低筋麵粉、杏仁粉、發粉一起秤重、過篩備用。
- 香蕉110g，其中80g要先用叉子切拌成香蕉泥，至於剩下30g切成小塊後浸泡蘭姆酒。

  (TIPS) 馬里布蘭姆酒是一種加了椰子香味的蘭姆酒，不僅增添椰子風味，更能去除香蕉本身的異味，如果沒有這種酒也可以省略。

- 椰酥製作需冷藏一段時間才能烘烤，建議一開始先製作椰酥。
- 磅蛋糕模具上網搜尋就能找到，尺寸16公分×8公分×6.5公分的蛋糕模。

作法

A 製作椰酥

1 取調理盆，加入在室溫下軟化的無鹽奶油，倒入黑糖、杏仁粉、低筋麵粉、椰子粉、椰絲。

2 用手指搓揉，讓所有食材融合至呈結塊狀態，接著放入冰箱裡冷藏，讓椰酥變得又冰又硬。

B 製作麵糊

TIPS 請多留意椰酥需完全凝固再拿去烤，避免形狀難以固定或散開。

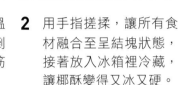

3 取一調理盆，加入在室溫下軟化的無鹽奶油，以電動攪拌機打散。

4 在步驟3的調理盆中加入黑糖、鹽巴，用電動攪拌機把無鹽奶油打到顏色變淺，體積稍微膨脹。

5 將退冰的蛋汁分10次倒入步驟4的調理盆中，一邊倒一邊以電動攪拌機攪拌，讓蛋與奶油混合更均勻。

TIPS 在無鹽奶油中倒入蛋汁攪拌混合時，如果發現奶油變得軟軟的，無法結成一塊，可以放些篩好的粉類食材進去，再快速拌勻，讓粉末吸收水分，防止奶油散開。

6 將篩好的粉類食材倒入步驟5的調理盆中，刮刀由前往後，以垂直方向輕輕把食材拌勻。

7 加入香蕉和馬里布蘭姆酒，以刮刀輕輕拌勻後麵糊就完成了。

C 烘烤

8 把麵糊倒入模具中，用刮刀把麵糊的表面整理成左右
兩邊高，中間向下凹陷的 U 字型。

 麵糊倒入又長又窄的磅蛋糕模具中拿去烤，中間會膨
脹起來，只要把麵糊弄成U字型，就可以烤出完美弧
形的磅蛋糕。

9 把步驟 2 做好的椰酥鋪
滿在麵糊上。

10 將鋪好椰酥的磅蛋糕
放入預熱好的氣炸
鍋，以 160 ℃ 烤 45
分鐘。

 為避免磅蛋糕表面
烘烤的顏色太深，
先烤30分鐘，拉出
氣炸鍋，蓋烘焙紙
後，再烤15分鐘。

🍳 160℃／50分鐘

Note • 烤好磅蛋糕，冷卻後以保鮮膜包覆，室溫下存放一天，整個蛋糕會變得比
較乾，反而更美味。
• 加了水份含量高的香蕉，這款磅蛋糕的保存期限比一般的磅蛋糕要短一
些。密封之後可在室溫下陰涼處，存放2～3天，如果想放久一點則建議冷
凍。

伯爵磅蛋糕

伯爵茶是一種添加了佛手柑的英式紅茶，據說英國首相查爾斯‧格雷伯爵，非常愛喝這種茶，所以取名為伯爵茶。這裡我們用紅茶中最具代表性的伯爵茶茶葉煮出醬料，加在麵糊裡，再把伯爵茶葉磨碎加入其中，做成充滿濃郁伯爵茶香的磅蛋糕。料理的順序是先做伯爵茶醬，再做蛋糕麵糊，最後把麵糊和茶醬混合後再進行烘焙。

 ·························· **Air fryer**

160℃／30分→
蓋上烘焙紙／15分

 ·························· **Oven**

160℃／50分

食材　1個

材料

無鹽奶油…100g	發粉…2.5g	【伯爵茶醬】
砂糖…90g	伯爵茶葉…4g	鮮奶油…50g
雞蛋…100g	鹽巴…1g	伯爵茶葉…6g
低筋麵粉…100g		

準備工作

- 所有食材都要拿到常溫下退冰。
- 低筋麵粉與發粉一起秤重，篩好準備著。
- 先磨碎準備好要加進麵糊裡的 4g 伯爵茶葉。
- 在模具裡鋪烘焙紙，或是輕輕抹上一層無鹽奶油，然後均勻地撒上高筋麵粉，再把多餘的麵粉倒掉。
- 這裡使用的磅蛋糕模具，可以上網搜尋，尺寸為 16 公分 × 8 公分 ×6.5 公分的蛋糕模具。

作法

A 製作伯爵茶醬

1 取一調理盆，將鮮奶油倒入並加熱至 50℃左右，加入 6g 伯爵茶葉，以保鮮膜包覆後浸泡 30 分鐘。

2 將步驟 1 的茶醬，以篩子過篩一次，過篩完的醬料至少需 30g。

B 製作麵糊

3 取一調理盆，將在室溫下軟化的無鹽奶油加入，用電動攪拌機打散。

4 在步驟 3 的調理盆中加入砂糖，打到無鹽奶油顏色變淡且體積開始膨脹。

5 將蛋汁分 10 次倒入步驟 4 的調理盆中，一邊倒一邊以電動攪拌機攪拌。

> (TIPS) 在無鹽奶油中倒入蛋汁時，如果發現奶油變得軟軟的，無法結成一塊，可以放些篩好的粉類食材進去，再快速拌勻，讓粉末吸收水分，防止奶油散開。

6 把篩過的低筋麵粉、發粉、打碎的伯爵茶葉，加入步驟 5 的調理盆中，刮刀由前往後，以垂直方向輕輕拌勻。

7 等到步驟 2 的伯爵茶醬降溫至 30℃ 以下，就可以倒入步驟 6 的調理盆中，再以刮刀輕輕拌勻，就完成了麵糊。

C 烘烤

8 把麵糊倒入模具中,用刮刀把麵糊的表面整理成左右兩邊高,中間向下凹陷的 U 字型。

(TIPS) 麵糊倒入又長又窄的磅蛋糕模具中拿去烤,中間會膨脹起來,只要把麵糊弄成U字型,就可以烤出完美弧形的磅蛋糕。

9 將麵糊放入預熱好的氣炸鍋中,以 160℃ 烤 45 分鐘。

(TIPS) 為避免磅蛋糕表面烘烤的顏色太深,先烤30分鐘,拉出氣炸鍋,蓋烘焙紙後,再烤15分鐘。

◉ 160℃ ╱ 50分鐘

Note
- 烤好磅蛋糕,冷卻後以保鮮膜包覆,室溫下存放一天,整個蛋糕會變得比較乾,反而更美味。
- 加了水份含量高的香蕉,這款磅蛋糕的保存期限比一般的磅蛋糕要短一些。密封之後可在室溫下陰涼處,存放4~5天,如果想放久一點則建議冷凍。

139

艾草磅蛋糕

我們非常熟悉艾草與年糕兩種味道,如果將兩種加在一起,其實也是非常美味的烘焙食材,最近成為了烘焙糕點美食。我在艾草磅蛋糕裡,加入類似傳統年糕嚼勁口感的食材,完成了這懷舊款的「老奶奶口味」限定蛋糕!

 .... **Air fryer**

160℃／15分→
蓋上烘焙紙／15分

 .... **Oven**

160℃／25分

食材　4個

材料

無鹽奶油…130g	低筋麵粉…56g	【糖漿】
砂糖 A…84g	杏仁粉…52g	水…30g
砂糖 B…35g	艾草粉…13g	砂糖…15g
蛋黃…95g	發粉…3g	蘭姆酒…10g
蛋白…70g	冷凍年糕…8 個	

準備工作

- 無鹽奶油和蛋黃拿至室溫下退冰。
- 蛋白在使用前請先冷藏於冰箱。
- 低筋麵粉、杏仁粉、發粉、艾草粉一起秤重、過篩備用。
- 無法通過篩網、像刺一樣的艾草纖維,不用加進麵糊,可以直接丟掉。
- 在模具中鋪烘焙紙,或輕輕抹上一層奶油後,再均勻地撒上高筋麵粉,並把多餘的麵粉倒掉。
- 上網搜尋「迷你方塊吐司模具」就能買到合適的模具,規格 6 公分 ×6 公分 ×6 公分的迷你方塊吐司烤模。
- 冰品用年糕的採購,可上網搜尋「刨冰年糕」。
- 需事先製作好糖漿,在備好的水裡加入砂糖,加熱至融化,關火,再倒入蘭姆酒,即完成糖漿。

A 製作麵糊

1 取一調理盆，加入在室溫下軟化的無鹽奶油，用電動攪拌機打散。

2 在步驟 1 的調理盆中加入砂糖 A，均勻攪拌至無鹽奶油的顏色變淺。

B 製作蛋白霜

3 將室溫下的蛋黃分成 3～4 次，依次加入步驟 2 的調理盆中，同時一邊以電動攪拌機拌勻。

4 把篩好的低筋麵粉、杏仁粉、發粉、艾草粉倒入步驟 3 的調理盆中，刮刀由前往後，以垂直方向輕輕將食材拌勻。

5 取另一個調理盆，把蛋白倒入，以電動攪拌機打發，待白色大泡泡變成小泡泡後，再將砂糖 B 分三次加入，做成紮實的蛋白霜。

TIPS 完美的蛋白霜會混合的非常均勻，打至紮實時，蛋白霜拉起會呈鳥嘴的勾狀。

6 將步驟 5 的蛋白霜分成兩等分，分 2 次倒入步驟 4 的調理盆中，再用刮刀攪拌均勻。

TIPS 刮刀同樣由前往後，以垂直方向輕輕地攪拌，如果拌太過頭或是不小心搓揉到的話，蛋白霜就會碎掉，蛋糕的弧度也不會那麼好看，年糕也可能會變得比較老。

7 將步驟 6 的麵糊裝入擠花袋，用擠花袋將麵糊注入模具裝模，大約裝到烤模的一半後，放上兩塊年糕。

(TIPS) 裝填可參考本書第72頁。

8 把剩下的麵糊一起裝模，大約裝至模具八分滿就好。

9 將裝模完成的麵糊放入預熱好的氣炸鍋中，以160℃烤30分鐘。

(TIPS) 為避免磅蛋糕表面烘烤的顏色太深，先烤15分鐘，拉出氣炸鍋，蓋烘焙紙後，再烤15分鐘。

🔲 160℃／25分鐘

10 從氣炸鍋中拿出磅蛋糕，趁熱從模具中輕輕取出烤好的蛋糕，並用刷子在表面均勻地刷上糖漿。

(TIPS) 糖漿可以增添磅蛋糕的風味與口感，就算抹了糖漿也不會太甜。

Note
- 烤好磅蛋糕，冷卻後以保鮮膜包覆，室溫下存放一天，整個蛋糕會變得比較乾，反而更美味。
- 這款磅蛋糕加了年糕，保存時間會比一般的磅蛋糕再短一些。磅蛋糕冷卻並密封之後，在室溫下的陰涼處可存放2～3天，如果想放久一點則建議冷凍。

Part 3.

家庭派對好時光

甜 點

人總會需要漂亮的甜點來滋潤一下自己的眼睛，偶爾試著用氣炸鍋做點特別不一樣的甜點，讓你特殊的日子更加與眾不同！雖然外型看起來有點小難度，只要一步一步跟著做，你一定可以做出兼具美味與外型的甜點哦！

【Lotus】
蓮花脆餅布朗尼起司蛋糕

最近很多人會用拿來配咖啡的蓮花脆餅當作烘焙食材，布朗尼的濃郁口感搭配起司蛋糕的香、蓮花脆餅的甜，三種美味結合在一起，就成了這款起司蛋糕。做法是先把布朗尼烤好，接著倒入起司蛋糕麵糊與蓮花脆餅，再放進氣炸鍋烘烤，就大功告成！

 Air fryer

布朗尼
150℃／10分

起司蛋糕
160℃／20分→
蓋上烘焙紙／15分

 Oven

布朗尼
160℃／10分

起司蛋糕
160℃／40分

食材 1個

材料

【布朗尼麵糊】
調溫黑巧克力（70％可可含量）…85g
無鹽奶油…65g
砂糖…80g
雞蛋…65g
中筋麵粉…50g
發粉…1g
鹽巴…1 小撮

【起司蛋糕麵糊】
奶油起司…345g
砂糖…82g
雞蛋…75g
玉米澱粉…12g
香草莢…1/3 個
酸奶油…22g
鮮奶油…30g
檸檬汁…8g
蓮花脆餅…8 片

準備工作

* 2 號正方形烤模的對角線長度，大約 23 公分，規格為 16.5 公分 ×16.5 公分。若氣炸鍋容量太小可能會放不進去，建議可以準備稍微小一點的模具。
* 準備一張比正方形烤模稍大一些的烘焙紙，鋪在烤模中，並配合烤模的大小調整，可以將烘焙紙稍微剪開，讓烘焙紙貼合烤模四角。

- 香草莢直接切開，用刀背把裡面的香草籽刮出來。
- 無鹽奶油、雞蛋、酸奶油、鮮奶油、奶油起司、檸檬汁都先拿出來放在室溫下退冰，等至變成常溫之後再用。
- 取出製作布朗尼食材的中筋麵粉與發粉，一起秤重、過篩備用。
- 取出製作起司蛋糕的玉米澱粉，過篩備用。

作法

A 製作布朗尼麵糊

1 取一調理盆，加入調溫黑巧克力和無鹽奶油，以隔水加熱融化或用微波爐加熱。

2 取另一個調理盆，加入蛋，以打蛋器打散，再加入砂糖與鹽巴，並用打蛋器慢慢攪拌均勻。

3 將步驟 1 的巧克力倒入步驟 2 的調理盆中拌勻。

4 將篩過的中筋麵粉與發粉倒入步驟 3 的調理盆中，慢慢地拌勻。

5 將麵糊全部倒入鋪上烘焙紙的正方形烤模中，然後用刮刀把表面整理得平整一些。

(TIPS) 可以用多餘的麵糊將烘焙紙黏住，避免烘焙紙因為氣炸鍋的強烈熱風而亂飛。

6 將裝模好麵糊的正方形烤模放入預熱好的氣炸鍋中，用 150℃ 烤 10 分鐘。

🔲 160℃／10分鐘

B 製作起司蛋糕麵糊

7 取一調理盆，加入軟化
的奶油起司，用刮刀輕
輕壓開。

8 在步驟 7 的調理盆中，
倒入砂糖與香草莢，以
刮刀攪拌成柔軟的奶油
狀。

9 將退冰至常溫的蛋汁倒入步驟 8 的調理盆中，再用刮
刀拌勻。

10 在調理盆中加入酸奶
油、鮮奶油，用刮刀
繼續拌勻。

11 將篩好的玉米澱粉倒
入步驟 10 的調理盆
中，用刮刀攪拌至沒
有任何結塊。

12 倒入檸檬汁，拌勻之
後，起司蛋糕的麵糊
就完成了。

13 將做好的起司蛋糕麵
糊,倒到已經烤好的
布朗尼模上面,裝飾
以 8 塊蓮花脆餅。

14 將完成裝飾的布朗尼
模 放 進 氣 炸 鍋 , 用
160℃烤 35 分鐘。

TIPS 為了避免最上面燒
焦,建議先考20分
鐘,拉出氣炸鍋,
蓋上烘焙紙,再繼
續烤15分鐘。

160℃/40分鐘

Note • 製作布朗尼和起司蛋糕的麵糊時,打蛋器或是刮刀應該要從調理盆的底部
往上方慢慢攪拌,避免多餘的空氣進入麵糊;麵糊裡若是有太多空氣,可
能會導致烘烤後過度膨脹。
• 布朗尼起司蛋糕烘焙完成後,連同烤模一起放進冰箱裡冷藏,靜置6小時
之後,再拿微溫的刀子來切,就可以維持切面乾淨俐落。
• 布朗尼起司蛋糕完成後,放一天再享用會更美味。等蛋糕體冷卻,存放入
密封容器中,冷藏於冰箱,最多可以吃4~5天,如果想放久一點則建議冷
凍。

檸檬條

來試看看烘焙酸酸甜甜的清爽檸檬條吧！加入大量的現榨檸檬汁，再把檸檬皮磨碎加進去，就能吃到清新爽口的檸檬條了。烘焙順序是先製作餅皮，餅皮烤好之後，再把檸檬餡倒進去再烤一次即可。

 .... **Air fryer**

餅皮
160℃／20分

檸檬餡
160℃／20分→
蓋上烘焙紙／10分

 .... **Oven**

餅皮
170℃／15分

檸檬餡
170℃／20分→

食材　1個

材料

【餅皮】
無鹽奶油…50g
糖粉…19g
低筋麵粉…90g
鹽巴…1撮

【檸檬餡】
雞蛋…160g
砂糖…150g
檸檬汁…120g
低筋麵粉…30g
檸檬皮…3g

準備工作

- 準備一個 2 號正方形烤模，規格 16.5 公分 ×16.5 公分，對角線長度大約是 23 公分。如果氣炸鍋容量太小可能會放不進去，建議可以準備稍微小一點的模具。
- 無鹽奶油事先切成邊長 1 公分的小立方體。
- 將烘焙紙事先鋪好在正方形烤模中（參考本書第147頁）。
- 用刮皮刀把檸檬皮黃色的部分刮下，就是可以使用的檸檬果皮。
- 事先將檸檬皮放入砂糖裡醃漬 30 分鐘～ 1 小時，這樣可以做出檸檬香層次更豐富的檸檬條。
- 比起使用檸檬果汁，更建議自己現榨檸檬汁來使用，這樣會更好吃。

A 製作餅皮

1 取一調理盆,加入將低筋麵粉、糖粉、鹽巴,再放入切成小立方體的無鹽奶油。

2 用刮刀把無鹽奶油切割至米粒狀。

 (TIPS) 步驟1和2可以用食物處理機進行,以開3秒就關掉的方式來操作食物處理機,可以把無鹽奶油快速切碎。

3 將步驟 2 的材料,用雙手抓起一大把,用力按壓,使麵粉黏在一起,讓麵粉沾附在無鹽奶油上,直至麵粉的顏色變得偏黃,粉末也因為無鹽奶油而結塊。

4 將餅皮的麵團倒入鋪好烘焙紙的烤模中,用力壓平。

5 將烤模放入預熱好的氣炸鍋中,以 160℃ 烤 20 分鐘。

🖼 170℃／15分鐘

B 製作檸檬餡

6 取調理盆,加入蛋,用打蛋器輕輕打散,加入已拌好的砂糖和檸檬皮 和蛋一起攪拌均勻。

7 將篩好的低筋麵粉倒入步驟 6 的調理盆中,以打蛋器輕輕攪拌至看不到結塊。

8 倒入檸檬汁,以打蛋器攪拌均勻,即完成檸檬餡。

C 烘烤

9 將步驟 8 的檸檬餡倒入步驟 5 的烤模中。

10 將完成的烤模放入預熱好的氣炸鍋中,以 160℃ 烤 30 分鐘。

TIPS 為避免最上層烤焦,請先烤20分鐘,拉出氣炸鍋,蓋上烘焙紙,繼續烤10分鐘。

Note
- 烤好的檸檬條,可以連模直接放進冰箱冷藏,至少6小時,再用微溫的刀子切開,這樣切面會比較整齊。
- 檸檬條冷卻後,裝在密封容器中,可冷藏3～4天,如果想放久一點則建議冷凍。

核桃派

核桃派是一款大多數人都喜歡、製作簡單、很適合送禮的派對點心。一般的核桃派都會在餡料中加入大量的黑砂糖，這裡我們使用未精製的黑糖來代替，未精製的糖吃起來比砂糖更優雅、口齒留香。為了保持酥脆的口感，我會先製作法式派皮，派皮烤好之後，再倒入餡料，完成烘烤即可。

 ·· **Air fryer**

派皮
160℃／10分→
拿掉模具／10分

餡料
160℃／20分→
蓋上烘焙紙／20分

 ·· **Oven**

派皮
170℃／10分→
拿掉模具／10分

餡料
160℃／40分

食材　1個

材料

【派皮】
低筋麵粉…88g
杏仁粉…11g
糖粉…33g
無鹽奶油…53g
鹽巴…1g
雞蛋…17g

【餡料】
雞蛋…76g
蜂蜜…30g
玉米糖漿…40g
黑糖…50g
無鹽奶油…50g
香草精…2g
鹽巴…2g
核桃…215g

準備工作

- 製作派皮所需的食材，均需事先冷藏在冰箱。
- 製作派皮食材中的鹽巴和雞蛋，先加在一起拌勻。
- 無鹽奶油事先切成邊長 1 公分的小立方體。
- 餡料的食材均需事先在常溫下退冰。
- 核桃先用滾水燙 1 到 2 分鐘，把水瀝乾，再用氣炸鍋以 100℃ 炸 2 小時，這樣可以清除雜質與不好的味道，也能做出更香的核桃派。完成後將燙過、烤好的核桃放在一旁冷卻，冷卻之後再密封起來冷藏備用。
- 配合烤模的形狀，先把烘焙紙剪成圓形，並在邊緣剪出刀痕。這裡的烘焙紙請先對折三遍，變成扇形之後再用剪刀把邊緣剪開。
- 模具準備，一個淺派皮模具 3 號，規格 2 公分高 × 直徑 20 公分。

派皮在法文中，是由「麵團」跟「砂子」結合起來的字，因為無鹽奶油含量高，口感就像沙子一樣輕盈易碎，一般在烘烤派或塔的時候會使用派皮，另外烘烤餅乾時也經常會用到。嚐起來有點甜，吃進嘴裡又很容易咬開，適合搭配水果塔、起司塔、堅果塔。

A 製作派皮

1 取一調理盆，將低筋麵粉、杏仁粉、糖粉倒至工作檯上，用刮刀全部拌勻。

2 將切成小立方體的無鹽奶油倒入步驟 1 的麵粉上，用刮刀切割至米粒般大小。

3 另取一調理盆，加入蛋汁，倒入鹽巴，用打蛋器打散，再倒入步驟 2 的調理盆，用刮刀像在切菜一樣，把蛋和麵粉充分拌勻變成酥鬆狀。

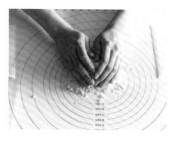  

4 等到步驟 3 的蛋與麵粉充分混和，將麵粉拌成一整塊麵團。

5 用刮刀一邊將把麵團壓開，一邊將整個麵團拌勻。

(TIPS) 這個過程稱為「Fraser」，是為了讓無鹽奶油與其他食材均勻混合，避免讓無鹽奶油因為手的溫度而融化，以便快速完成這個步驟。

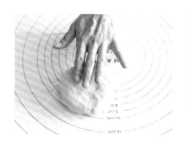  

6 把麵團整成圓形，接著以保鮮膜包覆，放入冰箱冷藏，等待麵團變硬。

7 從冰箱取出麵團，用擀麵棍把麵團擀成 0.3 公分厚的扁圓形，圓的直徑要比烤模的 5 公分稍微再大一點。

(TIPS) 在工作檯和擀麵棍上撒點手粉（高筋麵粉），以避免揉麵團時沾黏到桌上。

 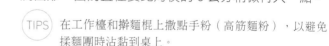  

8 用擀麵棍將麵團捲起來，放到模具上，小心地攤開之後，再把麵團塞入模具中，用手按壓麵團以使麵團與模具吻合，邊緣多出來的部分，直接修邊切掉。

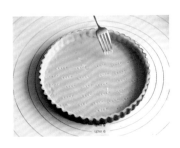

9 用叉子在底部戳洞，放進冰箱冷藏，等待麵團變硬。

TIPS 在麵團上戳洞叫做叉孔（piquer），這樣可以避免麵團膨脹。

POINT 在放入氣炸鍋烘烤之前，麵團都要持續維持在冰涼的低溫狀態，如此才能維持塔皮的完整形狀。

10 在麵團上鋪一張烘焙紙，倒入固定用的石頭。

TIPS 這個固定用的石頭，可以避免塔皮膨脹，也可以用黃豆、紅豆、米粒來代替。

11 將模具放入預熱好的氣炸鍋，以 160℃ 烤 10 分鐘，拉出氣炸鍋，拿掉固定用的石頭，再烤 10 分鐘。

🔲 170℃／20分鐘

B 製作餡料

12 將蜂蜜、玉米糖漿、黑糖、無鹽奶油、香草精、鹽巴裝在湯鍋中。

13 將湯鍋放到瓦斯爐上，加熱至沸騰即可關火，加熱過程中要一邊攪拌。

14 等湯鍋溫度降到微溫的狀態後，倒入蛋汁，並用打蛋器攪拌均勻。

TIPS 請注意，如果溫度過高時，就將餡料與蛋混合，蛋可能會因為高溫而被煮熟。

C 烘烤

15　在完成的派皮中放滿核桃，將完成的餡料倒入，直至與派皮同高。

16　將組裝好的派皮與餡料，放入預熱好的氣炸鍋，以 160℃ 烤 40 分鐘。

(TIPS)　為避免上層烤焦，可先烤20分鐘，蓋上烘焙紙，再烤20分鐘。

🍳 160℃／40分鐘

Note
- 如果希望派皮切出來的稜角分明、斷面漂亮，就要等烤好的派完全降溫、凝固變硬之後，再用銳利的刀子從上往下用力一次切開。
- 用氣炸鍋或是沒有下火的烤箱來烤派的時候，如果餡料和派皮同時烤，可能會使底部受熱不均，而導致派皮底部與餡料接觸的部分沒烤熟，所以提醒新手一定要先把派皮烤好，再往下進行後面的步驟。
- 派皮烤好冷卻後，裝在密封容器中，可冷藏3〜4天，如果想放久一點則建議冷凍。

法式鹹派

最具代表性的法式蛋料理—法式鹹派（quiche），最早出現在法國洛林區，所以也被稱為「洛林鄉村鹹派」。酥脆的油酥派皮，搭配滑嫩的蛋汁（鮮奶油、雞蛋等製成的內餡）、蔬菜與起司，就是非常飽足的一餐。作法也很簡單，先把製作派皮，再把事先烤好的蔬菜和蛋加進去再烤一次即完成。

 —————————————— **Air fryer**

派皮
160℃／10分→
拿掉烤模／10分

加入蛋汁
170℃／25分→
蓋上烘焙紙／10分

 —————————————— **Oven**

派皮
180℃／15分→
拿掉烤模／15分

餡料
180℃／35分

食材　1個

材料

【派皮】
低筋麵粉…135g
無鹽奶油…70g
蛋黃…10g
水…32g
鹽巴…1g

【蛋】
雞蛋…70g
鮮奶油…100g
牛奶…50g
鹽巴…1g
胡椒粉…1g
肉荳蔻粉…1g

【餡料】
培根…80g
蘆筍…90g
洋蔥…90g
洋菇…70g
小番茄…5g
青陽辣椒…2個
巧達起司…20g
格律耶爾起司…35g
帕馬森起司…20g

準備工作

- 將洋蔥和洋菇事先切成薄片，培根和蘆筍切成一口大小。
- 將蔬菜連同培根，加一大匙橄欖油拌勻，再用鹽巴調味，然後放入氣炸鍋，以180℃烤5分鐘，翻面再烤5分鐘。
- 無鹽奶油事先切成邊長1公分小立方體。
- 將小番茄對切，青陽辣椒切成薄片。
- 先將準備倒入派皮中的蛋汁、水、鹽巴調好，放在冰箱裡冷藏備用。
- 先配合模具的形狀，把烘焙紙剪成圓形、邊緣剪成鋸齒狀備用。
- 準備一個模具，開口直徑18.5公分 × 底部直徑16公分 × 高度4公分。

作法

「油酥派皮（brisee）」在法文裡是「破碎、裂開」的意思。油酥派皮的麵團不甜，而且帶有淺淺的紋路，吃起來感覺層次分明、容易咬碎。如果想要酥脆的油酥派皮，就一定要先把無鹽奶油切碎、抹在上層再烤。法式鹹派、起司塔、蛋塔、焦糖布丁、肉餅等，都很適合使用油酥派皮。

A 製作派皮

1 取一調理盆，倒入低筋麵粉，再丟入切成小立方體的無鹽奶油，用刮刀把無鹽奶油切割至紅豆到米粒之間的大小。

2 將步驟 1 的麵粉往四周推，中間挖出一個凹洞，倒入事先調好的蛋黃、水、鹽巴。

3 用刮刀像在切菜一樣，將麵粉和蛋汁輕輕拌在一起，直至麵粉變得酥鬆。

(TIPS) 建議從裡面開始輕拌，避免液體滲漏出來。

164

4 等到幾乎看不到粉末顆粒，就用刮刀把麵粉輕輕壓扁，再將麵團拌成一整塊。

(TIPS) 壓拌過程中，注意時時用刮刀把麵團切成兩半並疊在一起，這樣最後烤出來的派皮，就會有一層一層的口感。

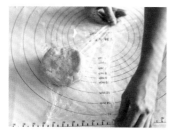

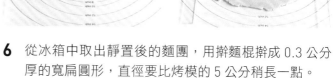

5 將步驟 4 的麵糰壓扁，以保鮮膜包覆，放到冰箱靜置 1 小時。

6 從冰箱中取出靜置後的麵團，用擀麵棍擀成 0.3 公分厚的寬扁圓形，直徑要比烤模的 5 公分稍長一點。

(TIPS) 避免麵團在桌面上擀時，與擀麵棍黏在一起，記得撒上一些防沾黏粉（如高筋麵粉）。

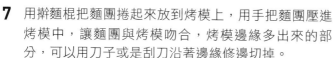
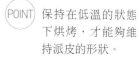

7 用擀麵棍把麵團捲起來放到烤模上，用手把麵團壓進烤模中，讓麵團與烤模吻合，烤模邊緣多出來的部分，可以用刀子或是刮刀沿著邊緣修邊切掉。

8 用叉子在底部的麵糰上戳洞，避免麵團膨脹。然後放進冰箱靜置 10 ~ 20 分鐘，等待麵團變硬。

(POINT) 保持在低溫的狀態下烘烤，才能夠維持派皮的形狀。

9 從冰箱取出麵團,在麵團上面鋪一張烘焙紙,倒入固定用的石頭。

TIPS 這些石頭可以避免派皮膨脹,也可以用黃豆、紅豆、米粒來代替。

10 將烤模放入預熱好的氣炸鍋中,以 160℃ 烤 10 分鐘,拉出氣炸鍋,去掉石頭後,再烤 10 分鐘。

TIPS 約烤至七至八成熟後,整個派皮會呈現淡淡的褐色。

🍳 180℃／30分鐘

11 派皮烤好後,趁熱用刷子刷上一層薄薄的蛋黃。

TIPS 這個過程叫做上色（dorer）。事先刷上一層蛋液,可以避免派皮在與水分含量高的蛋汁接觸時變得太濕軟,幫助派皮長時間維持酥脆的狀態。

B 製作蛋汁

在放入塔或派裡烘烤的內餡食材中,蛋汁屬於比較黏稠的內餡。

12 將鮮奶油、牛奶、雞蛋、鹽巴等材料倒入調理盆,用打蛋器拌勻。

13 將步驟 12 的材料用篩網篩過,去除過大的顆粒或雜質後,再加入胡椒粉和肉豆蔻粉。

TIPS 這裡使用研磨胡椒,肉荳蔻粉如果沒有可以省略。

C 組裝

14 將切達起司和格律耶爾起司鋪在已經烤好的派皮裡面。

15 用事先烤好的蔬菜和培根，將把所有派皮空間塞滿。

16 最後剩餘的空間，倒入蛋汁填滿。

17 研磨一些帕瑪森起司，撒在上面。將完成組裝的派皮模，放入預熱好的氣炸鍋，以170℃烤35分鐘。

TIPS 避免最上層的顏色太深，建議先烤25分鐘，蓋上烘焙紙，再烤10分鐘。

🔲 180℃／35分鐘

Note
- 火腿、鮭魚、馬鈴薯、花椰菜、菠菜、大蔥、茄子、烤肉等，都很適合作為鹹派餡料，大家可以自行選擇。
- 法式鹹派最常使用的就是格律耶爾起司，此外還有帕馬森起司、巧達起司、莫札瑞拉起司、埃德姆起司、埃文達起司、捷克起司等，大家可以自行選擇，以兩、三種起司一起搭配會更好吃。建議不要直接買粉狀的帕馬森起司，直接買一整塊自己研磨較好。
- 法式鹹派的調味，基本上視內餡中的鹽巴、蛋汁中的鹽巴與起司的多寡來調整，口味不管太淡或太鹹都不會好吃，所以需仔細調整起司和鹽巴的量。
- 法式鹹派烘烤完成，當天立刻吃最美味，若存放至隔天，派皮會變得濕軟，口感會變差，另外烤完當天也可以存放在室溫下通風的陰涼處，過夜後就應該密封放進冰箱裡冷藏，最好在2天內享用完畢。

日式煉乳瑪德蓮

瑪德蓮是貝殼形狀的經典法式點心,在這裡介紹的瑪德蓮與傳統法式瑪德蓮有點不同,這款是經由反覆打入空氣後製成的日式瑪德蓮;這款日式瑪德蓮的口感和法式瑪德蓮一樣酥鬆,又像古早味蛋糕一樣柔軟,大人小孩都會喜歡。

Air fryer		Oven	
150℃／20分		160℃／12分	

食材　4個

材料

雞蛋…75g	發粉…1g
砂糖…70g	無鹽奶油…45g
鹽巴…1g	鮮奶油…30g
低筋麵粉…70g	香草精…3g
脫脂奶粉…7g	煉乳…10g

準備工作

- 事先將低筋麵粉、發粉和脫脂奶粉一起秤重、過篩備用。
- 先取一鋼盆,將無鹽奶油、鮮奶油、煉乳、香草精裝在一起後隔水加熱,烘烤前溫度都要維持在 50℃。
- 準備 4 個模具,底部直徑 6.5 公分 × 開口直徑 9.5 公分 × 高度 3 公分的拋棄式鋁箔瑪德蓮烤模。

作法

1 取一調理盆,加入蛋,用打蛋器打散後,加入砂糖、鹽巴充分拌勻。

2 將步驟 1 的材料隔水加熱並一邊攪拌,直到溫度升高到 45℃。

TIPS 砂糖的分量較蛋多,溫度如果太低會打不出泡沫,所以要加熱到一定的溫度。

3 用電動攪拌機以高速攪拌步驟 2 的蛋汁,直到蛋汁拉起後呈鳥嘴的勾狀即可。

TIPS 蛋汁拉起後,往下滴不會立刻消失,而是停留在表面大約1秒左右最恰當。

4 把事先篩好的粉狀食材倒入步驟 3 的調理盆中,再用刮刀輕輕地攪拌。

TIPS 請一手抓著刮刀,另外一手抓著調理盆往固定的方向轉動。在這個階段如果拌過頭,麵糊裡面會產生太多泡沫,請多注意。

5 用刮刀挖一匙步驟 4 的麵糊,放入事先隔水加熱完成的無鹽奶油、鮮奶油、煉乳與香草精的鋼盆中,然後拌勻。

6 將步驟 5 倒入步驟 4 的調理盆中，一邊轉動一邊用刮刀輕輕攪拌。

(TIPS) 比起直接把融化的無鹽奶油倒入麵糊中，不如先混和一匙麵糊，再倒入原本的麵糊中，比較不容易產生泡沫殘渣。

(POINT) 無鹽奶油和鮮奶油的脂肪，會使蛋打發的泡沫更容易破掉。越低溫，越容易破，所以裝無鹽奶油的鋼盆必須持續隔水加熱維持溫度在50度。

7 將步驟 6 的麵糊裝填入烤模，約裝至八分滿，接著放入氣炸鍋，以 150℃ 烤 20 分鐘。

🔲 160℃／12分鐘

Note
- 如果麵糊用刮刀攪拌太過頭，烤出來的瑪德蓮口感就不會酥鬆，反而厚重且粗糙。建議攪拌均勻之後，就立刻裝到烤模為佳。
- 拿幾張拋棄式的鋁箔烤模疊在一起再拿去烤，烤模就會比較堅固，不容易被麵糊壓垮。
- 瑪德蓮烤好、冷卻後，密封起來存放在室溫下陰涼處，約可以存放3天，如果想放更久一點就建議冷凍。

帕芙洛娃

澳洲國民甜點帕芙洛娃，據說最早是為了紀念俄國的國際知名舞蹈家安娜・帕芙洛娃，為了她當時欲前往澳洲訪問，而研發出來的甜點。這是一種在滑嫩酥脆的蛋白霜上，加上鮮奶油和各種水果的可口甜點，這裡加了點微酸的優格鮮奶油，讓甜點吃起來更爽口。

 .... **Air fryer**

100℃／90分→
翻面／30分

 .... **Oven**

100℃／120分

食材　2個

材料

【帕芙洛娃】
蛋白…70g
砂糖…70g
玉米澱粉…4g
檸檬汁…2g
香草精…2g

【優格鮮奶油】
鮮奶油…50g
砂糖…5g
原味優格…11g
優格粉…9g

準備工作

- 事先將蛋白冷藏備用。
- 所有的器具都擦乾淨，避免上面沾水或油。
- 準備好兩個直徑約 12 公分的烤模。

A 製作蛋白霜

1 取一容器，加入蛋白，以電動攪拌器打發，待白色大泡泡變成小泡泡後，再將細砂糖分三次加入，將蛋白霜打至拉起後呈鳥嘴的勾狀即可。

2 將篩好的玉米澱粉、檸檬汁、香草精倒入步驟1的調理盆中，以電動攪拌機低速拌勻。

3 把步驟2的蛋白霜，慢慢舀到烘焙紙上，整成一個自然的圓形。

4 將完成的圓形蛋白霜放入預熱好的氣炸鍋，以100℃烤2小時。

TIPS 先烤90分鐘，翻面再烤30分鐘。

100℃／120分鐘

B 製作優格鮮奶油

5 將砂糖、原味優格、優格粉倒入冰涼的鮮奶油中，打到拉起後呈鳥嘴的勾狀即可。

 TIPS 如果液體的溫度在10度以上，鮮奶油會完全打不動，所以建議使用冷藏低溫的鮮奶油，在低溫的情況下來打發較輕鬆。

C 組裝

6 取步驟5的優格鮮奶油，以及任選水果，自由調味帕芙洛娃。

Note
- 帕芙洛娃要以類似低溫烘乾的方式烘烤，讓水分完全揮發。
- 用氣炸鍋來烤帕芙洛娃這種比較輕的點心時，鋪在底部的烘焙紙可能會因為熱風而掀起來，請一定要用小磁鐵固定。
- 帕芙洛娃上的奶油很容易融化，最好一烤完立刻吃掉。沒裝飾奶油的帕芙洛娃，就可以裝在密封容器裡面並放入防潮包，在室溫下陰涼處，約可存放3天。

生活樹　生活樹系列 078

氣炸鍋烘焙

餅乾酥脆・蛋糕柔軟，32 道成功率 100％的超好吃氣炸鍋點心

에어프라이어 홈베이킹

作　　者　金子恩
譯　　者　陳品芳
總 編 輯　何玉美
主　　編　紀欣怡
責任編輯　吳珈綾
封面設計　比比司設計工作室
版型設計　楊雅屏
內文排版　許貴華

出版發行　采實文化事業股份有限公司
行銷企畫　陳佩宜・黃于庭・馮羿勳・蔡雨庭
業務發行　張世明・林踏欣・林坤蓉・王貞玉
國際版權　王俐雯・林冠妤
印務採購　曾玉霞
會計行政　王雅蕙・李韶婉
法律顧問　第一國際法律事務所　余淑杏律師
電子信箱　acme@acmebook.com.tw
采實官網　www.acmebook.com.tw
采實臉書　www.facebook.com/acmebook01

I S B N　978-986-507-057-1
定　　價　380 元
初版一刷　2019 年 11 月
劃撥帳號　50148859
劃撥戶名　采實文化事業股份有限公司
　　　　　10457 台北市中山區南京東路二段 95 號 9 樓
　　　　　電話：（02）2511-9798　　傳真：（02）2571-3298

國家圖書館出版品預行編目資料

氣炸鍋烘焙：餅乾酥脆.蛋糕柔軟,32 道成功率 100% 的超好吃氣炸鍋點心
/ 金子恩著;陳品芳譯 .-- 初版 .-- 臺北市:采實文化 , 2019.11
　　面；　公分 .--（生活樹系列 ; 78）
　ISBN 978-986-507-057-1(平裝)
　1. 點心食譜
427.16　　　　　　　　　　　　　　　　　　108016704